U0258254

观叶植物图鉴

500种室内绿植养护指南

[泰]帕瓦蓬·苏班南塔农 著　孙良伟　元元 译
(Pavaphon Supanantananont)

机械工业出版社
CHINA MACHINE PRESS

本书通过丰富的图片展示了500种观叶植物及其栽培建议、特色介绍，如栽培介质调配、栽培容器挑选、浇水和施肥技巧、病虫害防治措施、繁殖方式等，即使是初次种植也能轻松入门，养出满眼绿意。对于想营造疗愈系或者森林感植栽空间的园艺爱好者，可以先通过本书熟悉植物特性，挑出喜爱又适宜的种类，再到花市或网店购买，就能够提高种植成功的概率。另外，书中介绍的观叶植物有多变的叶形、五彩斑斓的叶色，也能让园艺爱好者尽情地观赏，具有一定的收藏价值。

Copyright © Amarin Printing and Publishing Public Co., Ltd.

The simplified Chinese translation rights arranged through Rightol Media（本书中文简体版权经由锐拓传媒取得 Email：copyright@rightol.com）

This edition is authorized for sale in the Chinese mainland（excluding Hong Kong SAR, Macao SAR and Taiwan）

此版本仅限在中国大陆地区（不包括香港、澳门特别行政区及台湾地区）销售。未经出版者书面许可，不得以任何方式抄袭、复制或节录本书中的任何部分。

北京市版权局著作权合同登记　图字：01-2022-0792号。

图书在版编目（CIP）数据

观叶植物图鉴：500种室内绿植养护指南 / (泰) 帕瓦蓬·苏班南塔农著；孙良伟，元元译. -- 北京：机械工业出版社，2024. 8. -- ISBN 978-7-111-76089-4

Ⅰ. S682.36-64

中国国家版本馆CIP数据核字第2024P3W214号

机械工业出版社（北京市百万庄大街22号　邮政编码100037）

策划编辑：高　伟　周晓伟　　责任编辑：高　伟　周晓伟　章承林

责任校对：王荣庆　陈　越　　责任印制：单爱军

保定市中画美凯印刷有限公司印刷

2024年8月第1版第1次印刷

190mm×225mm・20印张・2插页・265千字

标准书号：ISBN 978-7-111-76089-4

定价：168.00元

电话服务

客服电话：010-88361066

010-88379833

010-68326294

封底无防伪标均为盗版

网络服务

机　工　官　网：www. cmpbook. com

机　工　官　博：weibo. com/cmp1952

金　　书　　网：www. golden-book. com

机工教育服务网：www. cmpedu. com

前言

每个家庭中的休息空间都不同，有些人会留出空间让自己能卧在沙发或抱枕上看电视，有些人则会保留空间做自己感兴趣的事，也有一些人会在房子的四周或一角栽种植物，就像我会为了放松解压，在家中栽培了许多观叶植物。

本书由昵称为 Ohm 的帕瓦蓬 · 苏班南塔农（Pavaphon Supanantananont）撰写，他已出版多部著作。或许有人怀疑他是否真的能把每一种观赏植物都栽培得非常好，而他的回答是“一切都是从失败中学习成长的”。他会查找植物的相关信息，询问诸多观叶植物养护大师，经过一次又一次的失败直到栽培成功，然后才有了这些经验集结，并将所知所学编写成本书。阅读本书，不仅能增进读者对观叶植物的认识，还能解决栽培时所发生的问题。

观叶植物种类众多，有些植物喜强光照但又能耐阴；有些植物不需要太多光照，需要栽种于遮阴处才能生长良好；有些植物适合用来装点室内环境，其美丽的姿态一点也不会输给室外观赏植物。不同的植物适合或喜欢什么样的生长环境，这些都是栽培者需要学习了解的知识。

希望喜欢观叶植物的各位读者，通过本书学到每种植物的相关知识、栽培要领并据此参考遵循，融会贯通后，便能将观叶植物照顾得宜。

作者序

泰国有充足的光照及充沛的降雨，能让许多热带植物终年生长，室外露天栽培更是容易。但随着生活方式的改变，在室内栽种植物作为装饰、布置开始变得普遍，甚至还逐渐演变为一股风潮，所以我才着手编写本书，来回答观叶植物爱好者，以及那些在家中或庭院中栽培植物的人所遇到的各种疑问。

本书包含室内观叶植物的相关内容，包括分类、起源、栽种方法和在室内养护的要点，甚至还特别介绍了许多植物能适应的不同室内环境，虽然有些植物特别需要高湿环境，但因为株型较小，只要将其栽种于小型玻璃箱或倒置的玻璃器皿中，即可用来增添室内的生活气息，操作十分简单。另外，对于想在露天庭院中栽种观叶植物的栽培者，也能在本书中找到相关的实用信息。

本书虽然无法一一罗列所有的观叶植物，但我特别用心选了一些能作为观叶植物的属别、种类与读者分享，让大家知道哪些植物能栽种于室内环境，尤其是那些市面上十分常见的基本观叶植物种类，并且还加入了一些十分有趣的品种。有些读者可能会对在室内栽种植物有疑虑，但其实在国外用植物来装点室内空间已有相当悠久的历史，这些适合室内栽种的植物在引进后，因为气候环境的不同，需要调整并找出合适的栽培方式，不过这对于有栽培基础的人来说一点也不困难。但如果您是新手，我相信本书能开拓您的视野，而对于喜欢观叶植物的人来说，本书也一定能帮助到您。

预祝大家都能成为栽培观叶植物的高手。

帕瓦蓬·苏班南塔农

目 录

认识观叶植物

● 什么是观叶植物

提到“观叶植物”，许多人一定会联想到变叶木、龙血树，黛粉叶、绿萝、龟背竹、蔓绿绒（喜林芋）、花烛等一系列植物，这是因为大多数的观叶植物容易栽培，常用于布置庭院与居家环境，而且有许多观叶植物还具有祝福等吉祥寓意。

观叶植物特指园艺中一类具有利用价值的观赏植物。观赏植物可分为两类，一类是花朵较植株叶片与其他部位吸睛且美丽的观花植物（Flowering Plants），常作为花坛或切花使用；另一类则是叶片较花朵抢眼且美丽的观叶植物（Foliage Plants），其观赏价值包括叶形及炫目的叶斑与叶色，依其形状和利用价值可再细分为以下几类。

1. 切叶植物（Cut-leaf Plants）

切叶植物的叶形优美，因为叶片的瓶插寿命较花朵长或适中，在花艺上适合取其叶片作为叶材，与其他切花一起搭配使用，如武竹、文竹、七叶兰、棕竹等。除此之外，仍有许多商业生产的植物具有作为切叶叶材的潜力，如蕨类、散尾葵、花烛或是蔓绿绒中的许多品种。

2. 观叶类花坛植物（Foliage Bedding Plants）

观叶类花坛植物因为生性强健，能在室外生长良好，并且叶丛姿态、整体株型及叶色优美，所以常露天地栽，以营造氛围、美化环境。常应用于花坛的观叶植物有桔梗兰、拟美花（山壳骨属）、红桑、金露花、彩叶草、肾蕨、绿苋草、红苋草、南洋参、变叶木、红雀珊瑚、虎尾兰、紫叶半柱花、紫锦草、圆叶榕、黄金榕、福建茶（基及树）、粗肋草及龙舌兰等。

现今有许多引进或由育种家杂交选育的观

叶植物新种或新品种，如粗肋草、虎尾兰等都有非常多的杂交品种，国外也有各种喜荫花属品种、龙舌兰属品种。

3．观叶类盆栽植物（Foliage Pot Plants）

观叶类盆栽植物是种于花盆中的观叶植物，除了整体株型及叶斑漂亮之外，其叶丛与盆栽的比例也要适当，因为盆栽植物在移动上的灵活性高，方便随时移动组合，所以常被用来布置庭院或家中的角落。此类植物有秋海棠、黛粉叶、朱蕉、龙血树，绿萝、棕竹、竹节椰，青棕、琴叶榕、印度榕等。此外，有些蔓生植物也常作为吊盆植物栽培，如蔓性椒草、白金葛、百万心、球兰等。另外，还包括水生植物，如泽泻、埃及莎草、白喙刺子莞、大薸、粉绿狐尾藻、斑叶露兜等。

4．盆景植物及袖珍植物（Bonsai & Miniature Plants）

有些植物的株型及枝条十分优美，采用以铝线缠绕、修剪等技巧会呈现出各异的姿态，野生株在经过细心雕琢后更具欣赏价值，这类常被作为盆景植物及袖珍植物栽培的植物具有生长缓慢、茎节短、枝条修剪与塑形难度低、叶片及花朵美丽等特性，如无冠倒吊笔（水梅）、叶子花、黑檀及某些松树等。

除了上述几种分类外，观叶植物也能依其生长形态分成灌木、蔓生植物及丛生植物，或依光照需求分为全日照、半日照或耐阴植物等。市场上有非常丰富的观叶植物种类，选择植株一般取决于栽培者的栽培目的或植株的生长形态，本书介绍的都是时下人气很高的室内观叶植物。

粗肋草杂交品种不论是栽种于室外或室内都能生长良好

泰国原生的五加科刺通草（*Trevesia palmata*）可以作为室内盆栽植物

● 观叶植物的起源

■ 观赏植物的栽培历史

人类自古就有栽培观赏植物的喜好，尽管没有证据证明这种栽培最早起源于何时，但是相传公元前 600 年建造的巴比伦空中花园中就栽培了各种花草树木。而古罗马人会在冬季将植物栽种于云母、滑石及玻璃板搭设的空间内防寒。

英国农业作家及发明家——休 · 布拉特爵士（Sir Hugh Plat），身为文学学士并从事于园艺与农艺相关工作。他著有《伊甸园》（*The Garden of Eden*，1653 年）一书，书中包含室内栽培植物的概念，但是不太被大家接受。直到 18 世纪末，欧洲人开始将客厅从其他厅室中独立出来，并尝试用物品来装饰，其中一类装饰品就是从大自然中汲取的，如花朵或各种球根植物，但此风潮并未普及至普通家庭，仅流传于上流社会。

最初，作为观赏植物栽培的品种十分有限，因为建筑物内的温度低，可选用的植物不多，仅限于温带与寒带地区的品种，大多为当地原生的开花植物，如石竹、玫瑰、杜鹃及报春花等。

到了 18~19 世纪，人们开始将客厅作为接待客人的空间，并且布置装饰品以彰显主人的社会地位，其中就包括各种十分昂贵的热带观赏植物。在欧洲灰蒙蒙的天气下，这些热带植物还能让室内空间看起来清新爽朗。此时，欧洲有地位的上流社会人士才会使用热带植物作为室内装饰品。

随着科技发展，如缝纫机的发明让女性能在家中实现自己的兴趣爱好。另外，玻璃越来越便宜，家家户户可以安装玻璃窗户来控制室内温度，并将观赏植物摆设于休憩空间中靠近窗户的角落。在栽种方式上，盆栽灵活性高，使观叶类盆栽植物在欧洲越来越普及，用它进行居家布置成为风潮。

休 · 布拉特爵士

le tree

随着工业的发展，各类材料与工具的价格逐渐降低，也促进观叶植物成为栽培的风潮，中产家庭也能建造各类庭院，如栽种藤蔓攀附于休憩用的阳台，或者在桌子上放置具有温室保暖功能的生态缸（Terrarium），以便能在大厅或客厅中展示栽培的热带植物。特别是 1820 年之后，因为各种相关协会及社团在杂志上投稿撰文的推动，更是促进了这股栽培异国植物的热潮。

起初，探险家们依赖国家的资助，才能前往遥远的地方搜集植物，后来探险家们旅程的巨额资金与报酬转为由对新颖性植物有需求的大型苗圃商、投资人或上流社会人士提供，而探险家们深入亚洲、大洋洲、南美洲、非洲等地，在付出血汗甚至性命的情况下，经过漫漫长路将这些植物运回欧洲，成为欧洲富有的植物收藏家的收藏品，并让欧洲人有越来越多新奇的观叶植物可以欣赏，在这段时期有许多观叶植物扮演越来越重要的角色，地位已不可同日而语。

每个新颖新奇的观叶植物品种在纸质期刊及书籍上发布前，会由画工精美的植物学绘画师以绘图的方式记录植物形态，以便让大家认识，然后能依据绘图去大型苗圃寻找种苗来栽培。其中有许多品种直至今日仍十分受大众喜爱，如黛粉叶、粗肋草及变叶木，所以那个年代被称为是发现植物新品种及栽培观叶植物的黄金年代。

《柯蒂斯植物学杂志》（*Curtis's Botanical Magazine*）里的星点木插画。该杂志是植物学插图领域中极为重要的杂志，其内容还包括丰富的相关信息

古老的沃德箱（Wardian case）示意图

生态缸（Terrarium）

生态缸（Terrarium）又称沃德箱（Wardian case），起源于英国维多利亚时代（1837—1901 年），最初是由喜爱栽培植物的伦敦外科医生纳撒尼尔·巴格肖·沃德（Nathaniel Bagshaw Ward）打造。1830 年，他在观察密封玻璃容器中的天蛾蛹时，意外发现容器中的泥屑居然长出欧洲鳞毛蕨（*Dryopteris filix-mas*）与小草。

如果是昆虫学家看到这样的情况，大概会直接忽视里头的蕨类与小草，然而因为沃德医生曾经试着栽培蕨类，但不曾成功，所以他便持续观察这株在密封容器里的蕨类植物，并且发现这株蕨类植物在未换气和浇水的环境中持续生长，存活时间长达半年。

经过尝试栽培不同种类的蕨类植物后，他发现这些蕨类植物能在密闭的玻璃容器中生长良好，于是在 1841 年编写了《植物在玻璃密封箱中的生长》（*On the Growth of Plants in Closely Glazed Cases*）一书并于 1842 年出版。1851 年的世界博览会（World's Fair）上展示了沃德箱的密封系统成果，获得大众的高度关注。

之后沃德箱就成为栽培热带植物的重要工具，它克服了船运时总会遭逢风浪的困境，让诸多植物成功运抵欧洲，因为密闭式的沃德箱能够维持箱内湿度与温度稳定，适合用于运送各种娇嫩的植物。特别是小型蕨类与无须太多光照的兰花，在运送时需要特别控制湿度并维持稳定，以免这些植物在运送中死亡。因此，沃德箱的出现让欧洲的植物学家有更多机会研究各种新植物的活体标本（Living Specimen），尤其是热带植物。

欧洲人也不断改进沃德箱的外观，设计了各种样式的沃德箱，可供热爱大自然的人依其喜好进行选择，设计好的沃德箱如同一个个生机盎然的微型玻璃温室，放置在家中增添生趣。这也是后来饲养动植物的生态缸或称仿真培育箱、玻璃花房、微景缸等的起源。

纳撒尼尔·巴格肖·沃德是首位在玻璃容器内栽培观叶植物的人

五彩芋也可以栽培于沃德箱一样的倒置玻璃器皿中

■ 观叶植物时代的来临

当越来越多的人有机会尝试栽种观叶植物后，才发现其实观叶植物在人为栽培下也能生长良好，其叶丛姿态、整体株型及叶片大小都非常适合应用于室内环境的布置，而且还能让房屋更美丽、更适宜居住。因此，在增添色彩上，除了依靠花朵增艳外又多了一个选择。除此之外，利用观叶植物装饰房屋，还能彰显房屋主人的社会、经济地位，证明其走在时代前端且具有良好品位。越来越多的人种植观叶植物，也同时造成观花植物的重要性下降。

自维多利亚时代中期开始，英国人开始将观叶植物栽种于各种盆器中，包括瓷器、茶杯甚至是装果酱的罐子，并将其置于客厅作为装饰品。当时栽培的最流行的观叶植物涉及常春藤属（*Hedera* spp.）、草胡椒属（*Peperomia* spp.）、龙血树属（*Dracaena* spp.）、蜘蛛抱蛋属（*Aspidistra* spp.）、虎尾兰属（*Sansevieria* spp.），还包括现已归入龙血树属（*Dracaena* spp.）、喜林芋属（*Philodendron* spp.）的一些品种，这些观叶植物生长强健，可以算是引发了观叶植物栽培的风潮，后来英国人又逐渐将目光转移到各种棕榈及蕨类身上。

有许多蕨类植物原生于英国，所以对于英国人来说这些蕨类并不怎么陌生，但如果被当作观叶植物栽培，而且成为一股热潮就十分不寻常了，甚至有“蕨类狂热（Pteridomania）”一词来指称此现象，这股狂潮从英国上流社会一路风靡到中产阶级，谁也没想到这股风潮能持续超过 50 年。

而棕榈类大部分原生于热带地区，运抵欧洲需要经过长时间的旅途运送，正因为如此棕榈类的价格十分昂贵，而且还获得了植物之王的称号，与蕨类一起作为盆栽植物应用于房间布置，尤其是圆叶蒲葵（*Saribus rotundifolius*）和鱼尾葵属（*Caryota* spp.）在当时特别受大众喜爱。

斑叶常春藤 [*Hedera helix*（Variegated）]，是十分受欢迎的居家或庭院用观赏性蔓生植物

虽然当时人们对观叶植物十分狂热，了解室内栽培方式，以及使用沃德箱等容器或工具来栽培，但实际上由于环境与气候并不适合热带植物生长，照顾这些热带植物特别耗费心力，所以当时如果有人能够将这些观叶植物养得很好，会被大众视为大师级的人物。

直到维多利亚时代末期，这次观叶植物栽培的热潮达到最高峰。当时甚至发展出商品目录和根据订单将观叶植物邮寄到家的服务，使观叶植物受欢迎的程度发展至前所未有的巅峰，直到开始有更多新的植物种及品种陆陆续续进入欧洲，人们的目光才逐渐转移到其他植物身上，但是观叶植物的热潮仍未曾止歇。

■ 美国的观叶植物

自观叶植物在欧洲特别是在英国和斯堪的纳维亚半岛上的国家风行后，美国人也同样开始关注起这类植物，尤其是在第二次世界大战结束、经济开始复苏之后，各种观叶植物苗圃开始推出越来越多盆栽模式的观叶植物。

20 世纪 50 年代末，兴起了在工作场所栽种植物的风气，并且将这类植物称为 Work Plants，这类植物生性强健，能适应各种气候且耐干旱，假期不浇水仍可生存。在室内栽种植物就像是一面镜子，不仅反映出当时的社会经济状况，也反映出不同时代的每个人。

观叶植物在美国越来越受欢迎，并在正确的栽培方法下被细心呵护照顾着，这让本是分布于另一个半球的植物，在离开原产地后同样生长良好，尤其是那些对环境适应力佳的植物在欧洲及美国各地都十分受到大众喜爱，如虎尾兰属、蜘蛛抱蛋属植物及印度榕（*Ficus elastica*），令人讶异的是有许多种历经百年的栽培与买卖，其售价与最初的价格却是相差无几。

1970 年后，大都市里充斥着令人感到冰冷、压迫的高楼大厦，人们开始渴求大自然，所以在建筑物中栽种植物越来越流行，在大势所趋

美叶印度榕（*Ficus elastica*‘Tricolor’），作为大型植物，经驯化后却能在少光的环境下生长

之下，自然而然地演变为一种文化。在建筑物中栽培植物，除了具有装饰作用及增添大自然的气息之外，多看绿色的叶片对眼睛也有益处，还能纾解都市人的压力。

■ 泰国的观叶植物

虽然没有证据显示泰国人自何时开始使用观叶植物装饰家园，但推测是从拉玛五世时期（1868—1910 年）开始流行起来的，从当时来开拓摄影市场的外籍人士所拍摄的照片中，可见大部分背景由棕榈科及蕨类的植物盆栽布置而成，这股潮流首先在王室中风行，而后才传入上流社会与普通大众中。

开拓泰国观叶植物圈的先驱有好几位，每位人士专研的植物都不同，如 Pittha Bunnag 博士专研棕榈科植物，Supranee Kongpitchayanont 与 Peerapong Sagarik 为研究竹芋科植物的先锋人物，而 Chob Kanareugsa 则开启了泰国栽培斑叶植物的纪元。另外，还有许多精通不同种类或属别植物的人士，带动各种观叶植物的普及与生产，同时也为观叶植物圈发展打下良好而扎实的基础，让观叶植物产业持续蓬勃发展至今。

芭堤雅花园（Pattaya Garden）的园主 Sithiporn Donavanik 是开拓泰国观叶植物产业的重量级人士之一。他作为园林景观设计师，同时也是一位植物玩家，在美国寻找各个属别的观叶植物，然后带回泰国繁殖并育成许多新品种，尤其是黛粉芋属（*Dieffenbachia* spp.）和喜林芋属植物。他所育成的 *Aglaonema*‘Banlangthong’也是世界上第一株粉红色叶片的粗肋草，后来以彩虹粗肋草（*Aglaonema*‘Sithiporn’）登记注册品种权，在观叶植物育种史上留下盛名。

Pittha Bunnag 博士

Sithiporn Donavanik

Surath Vanno

Aglaonema 'Banlangthong'

接下来有两位必须介绍的观叶植物收藏家，第一位是思理旺公园的 Sala Chuenchob，他是以前邦巴姆鲁地区的观叶植物栽培家，而另一位则是开始将观叶植物带进工作场所布置使用的 Dilok Makutsah。

既然说到了观叶植物，班坎普热带画廊和咖啡厅（Bankampu Tropical Gallery & Cafe）的 Surath Vanno 也是一位开创时期的植物收藏家，他在圈内备受推崇，是率先搜集、栽培花烛的大师，并试着栽培了很多来自不同国家的杂交品种，当然也包括许多新的观叶植物品种，其中有不少植物因此成为被大量栽培的观叶植物，也使班坎普热带画廊和咖啡厅成为对泰国国内外人士展示各种重要观叶植物的主要地点之一。

另一位泰国重要的观叶植物栽培家，是云山花园（Unyamanee Garden）的 Pramote Rojruangsang，他是斑点植物的育种专家，也是观花植物与观叶植物比赛的重要评审。他育成了杂交种粗肋草‘Duj Unyamanee’（也就是大家所说的‘Unyamanee’）等许多品系。

Aglaonema‘Duj Unyamanee’

Pramote Rojruangsang

为什么有些观叶植物叶片上具有孔洞

有些植物如龟背竹属中的龟背竹（*Monstera deliciosa*）和孔叶龟背竹（*Monstera adansonii*）的叶片上具有孔洞。这些孔洞并非因为病害或虫害所致，大多数人认为这些孔洞能降低风阻，有些人则认为它们有助于雨水流到植株根系与茎。这些植物幼龄时的叶片并不具有孔洞，当植株逐渐长大，新生叶片会逐渐开始出现孔洞。据说这些孔洞具有对草食动物隐迹的功能，虽然有科学家针对此假说进行研究，但是尚未能找出明确的证据，所以至今植物叶片上天生具有孔洞的生态功能仍是未解之谜。

Monstera adansonii

Monstera deliciosa

净化空气的植物

美国国家航空航天局（NASA）的研究人员 B.C.Wolverton 博士研究植物在密闭系统内对空气的净化能力时，发现在室内充斥着大量看不见的有毒化学物质，如甲醛、苯及二甲苯，这些化学物质会引发呼吸道疾病，甚至致癌。在放置植物的房间内，这些有毒化学物质的含量可降低 75%，而且还能有效减少空气中的霉菌。植物通过两种机制来清除有毒化学物质：第一种机制是由叶片吸收有毒化学物质，第二种机制则是经由根系清除。所以当植物在进行蒸腾作用时，因为气体进入植株体内的速度较快，所以能够更有效地移除有毒化学物质。这些能净化空气的植物有 50 多种，许多是大家耳熟能详的观叶植物，如散尾葵、棕竹、绿萝、印度榕、虎尾兰及龙血树属植物等。

● 各种叶形

长椭圆形叶（oblong）
叶片先端圆，叶尖凸起短，
基部则呈钝形
椭圆形叶（elliptic）
叶片先端尖
线形叶（linear）
叶片先端尖锐
圆形叶（orbicular）
叶片先端圆，叶缘呈
锯齿状
心形叶（cordate）
叶片先端尖
肾形叶（reniform）
叶片先端圆
匙形叶（spathulate）
叶片先端圆
掌状叶（palmate leaf）
叶缘开裂
掌状裂叶
（palmately lobed）
叶片深裂
三出复叶（trifoliate）
叶缘呈程度不一的波浪状

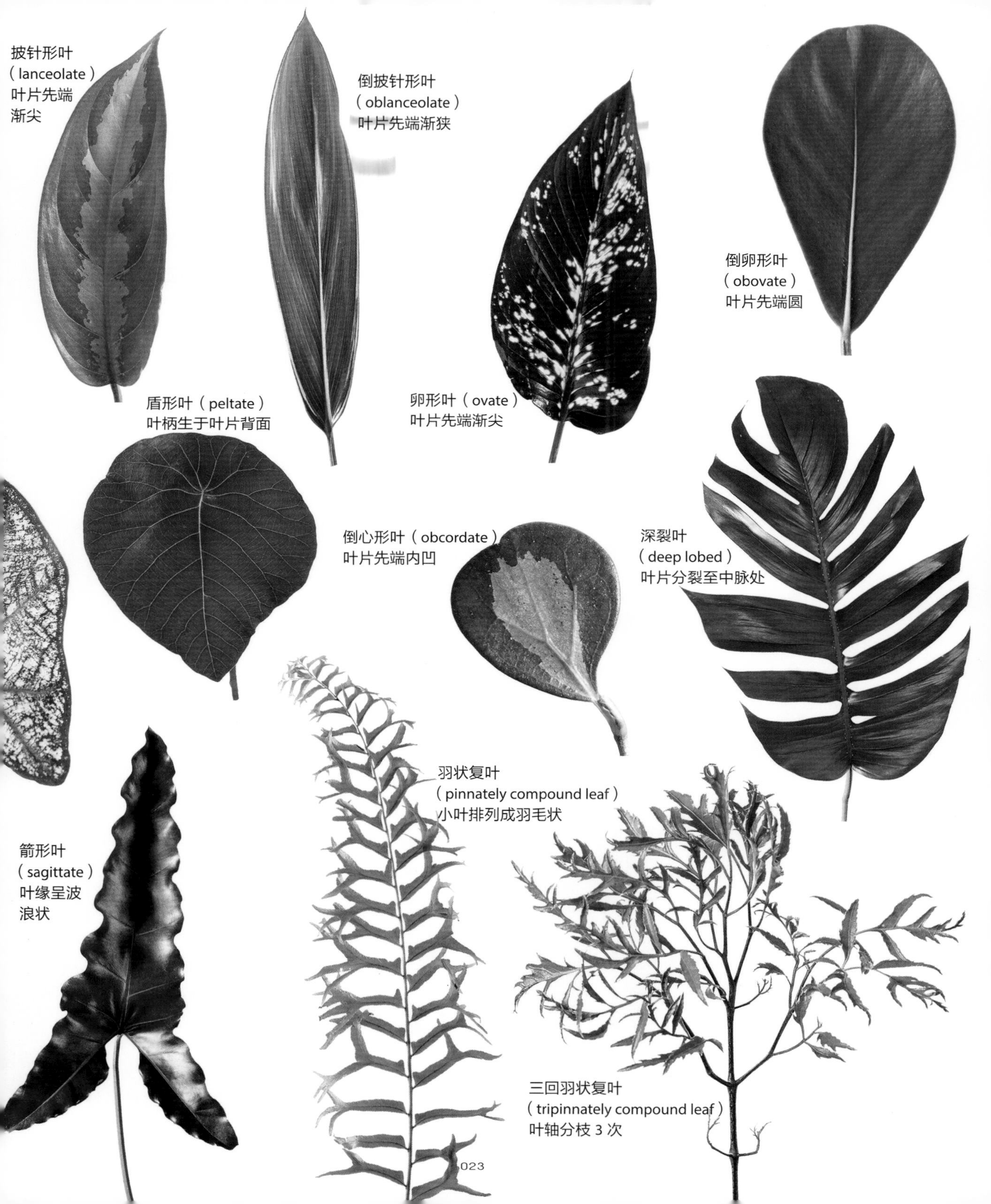
披针形叶
（lanceolate）
叶片先端
渐尖
倒披针形叶
（oblanceolate）
叶片先端渐狭
倒卵形叶
（obovate）
叶片先端圆
盾形叶（peltate）
叶柄生于叶片背面
卵形叶（ovate）
叶片先端渐尖
倒心形叶（obcordate）
叶片先端内凹
深裂叶
（deep lobed）
叶片分裂至中脉处
羽状复叶
（pinnately compound leaf）
小叶排列成羽毛状
箭形叶
（sagittate）
叶缘呈波
浪状
三回羽状复叶
（tripinnately compound leaf）
叶轴分枝 3 次

● 栽培要点

在栽培观叶植物时需考虑的重点是栽培环境是否适合该植物。如果是在室外栽培，需考虑浇水、空气相对湿度、光照，不同的观叶植物对栽培环境的要求也不同。大多数植物喜半日照，有些植物则可以栽种于全日照环境中，如散尾葵、青棕、印度榕、虎尾兰、斑叶露兜、彩叶草、红苋草等，但同时也需要提供充足的水分。另外，还有某些植物需要栽种于散射光或大树遮阴的环境中，如花烛、蔓绿绒、粗肋草、绿萝、龟背竹、龙血树属植物、许多属的蕨类及某些凤梨属 [丽穗凤梨属（*Vriesea*）] 植物等。

猪笼草属（*Nepenthes*）植物也能栽种于室内，但需要偶尔移至室外晒太阳

至于栽种于室内的观叶植物，则需考虑以下几点：

1. 放置地点

将植株栽种于开放空间或稳定明亮的环境下，会比栽种于昏暗与不通风的环境下生长得更好，因此应该将盆栽放置于通风良好的环境中，植物栽培起来会更容易上手，而且还能减少病虫害发生的概率。

2. 光照

光照是每种植物生长所必需的基本条件，因此植株放置的地方必须有光照，而且要能满足该植物生长的需要，如窗边。如果必须置于房间中央，则需要有足够的阳光照射到盆栽。

许多参考资料将观叶植物对光的需求大约分成几个等级，如强光、弱光、中等光或非直射的明亮散射光，以下是依据植物对光照的需求进行的分类：

❖ 对光照需求高的观叶植物：需要放置于靠近窗户的位置，尤其是面向东南方的窗户，紧邻窗户不超过 30 厘米，如红厚壳、苏铁、鹿角蕨、变叶木及南鹅掌柴属植物等。

❖ 对光照需求中等的观叶植物：需要放置于明亮的东西向的窗户附近，如波士顿蕨、南洋杉、某些棕榈科和凤梨科植物等。

❖ 对光照需求较低的观叶植物：至少需要放置于有些微自然光或以 LED 为光源的地点，以便让植物进行光合作用。

大部分的观叶植物能够于中等至强光照的环境中生长良好，但也有许多植物能够适应弱光环境，如雪铁芋、虎尾兰、绿萝、黄金锄叶蔓绿绒及佛手芋等。

3. 浇水

浇水是另一个让观叶植物生长漂亮的条件

龙舌兰属植物是观叶植物中非常需要光照的多肉植物，建议种植于门前或阳台边，以便获得充足的光照。如果栽培于室内，会因为光照不足而导致生长得较差

Tips

随着科学技术的发展，已经有测量光照强度的工具，光照强度的单位为勒（lx），室内光照强度为 20~2000 勒。有研究显示，植物能生存的低光照强度为 250~800 勒。

如果将植物栽种于窗户附近，需记住不同季节的光照强度变化，要注意植株光照是否过多或过少，以及时常转动盆栽，让植株受光均匀，以免植株因为向光性而向单侧生长，最终导致植株倾斜。

之一，原则是介质干了再浇水，让介质干湿交替。栽种于室外庭园中的植物，若栽培量不大，可使用浇水器浇水，但如果庭园过大，则可以使用水管浇水。在光照强烈但空气相对湿度低的季节，或许需要在白天喷雾以增加空气相对湿度；但如果适逢雨季，则不需要天天浇水，因为给予过多的水分，也许会造成根系腐烂，甚至使植株死亡。

如果在室内栽培观叶植物，盆栽底部需要放置接水的底盘，避免浇水后水由排水孔流出时导致脏乱。浇水的方法有以下 3 种：

方法一　在盆栽底盘中加水，让栽培介质慢慢地将水由底部的排水孔吸上去，这种方法可以不用将盆栽搬起、移动，较为省工。

方法二　将盆栽移至室外非阳光直射处，用浇水器将栽培介质连同植株一起浇透，如此能一并将叶片上的灰尘洗去，待叶面水分干后再移回室内。

方法三　在比盆栽大的脸盆或塑料桶等容器中加水至盆栽底部排水孔的高度，将盆栽放入其内，使栽培介质慢慢吸水，待吸饱水后将盆栽移出，等待盆底不再滴水时，再将盆栽放回原本的底盘上。此法适合植株很缺水、栽培介质过干时使用。当栽培介质完全浸润时，可帮助植株快速吸饱水而恢复。

注意事项

栽种于室内的观叶植物，因为接受的阳光较少，也未直接被风吹拂，所以栽培介质干燥的速度较慢，对浇水频率的需求较栽种于室外的要少，不用每天浇水，间隔 2~4 天浇 1 次即可。但在实际养护过程中，浇水频率还取决于植物种类及栽培介质种类，当栽培介质开始干燥时再浇水，但不要等到介质过于干燥、叶片失水萎蔫时才浇水，因为这样可能会使叶片黄化并落叶，导致植株叶片最终无法恢复到原先美丽的姿态。

在室内栽种许多观叶植物是提高空气相对湿度的一个好方法

Do you know?

植物可以多久不浇水

不同的植物对缺水的忍受能力也不相同，室内的观叶类盆栽植物一般可以数天至数周不用浇水。有些人会在盆栽的底盘内放置砾石，然后把盆栽置于其上，在底盘加水至盆栽底部的高度，这种方法可以减少浇水频率，特别适合外出一段时间或太忙而没有时间照顾植物的人。如果是小型观叶植物，可以将其栽种于玻璃橱窗或倒置的玻璃器皿中，这样可以长达数周不用浇水。

怎样才能让观叶植物的叶片保持光亮

长期放置于室内的观叶植物，叶片上常会有灰尘或水渍，从而导致叶片上交换气体的气孔被灰尘及其他脏东西阻塞，所以需要定期清洁叶片。可使用可清洁脏污及去除水渍的喷剂，只要将喷剂喷于叶片上，再用布轻轻擦拭，即可让叶片恢复光鲜亮丽；或者将布用加有一点肥皂水的干净水浸湿后擦拭植物的枝干、叶片，也能让叶片再次恢复美丽。对于叶片巨大或叶片细小的植物，则可以将其搬到室外，用水冲洗来去除灰尘与其他脏污。但也有些观叶植物并不适合以擦拭或冲洗的方式处理，因为会使植物受伤或使覆于叶片上的茸毛脱落。

Tips

持续观察植物外观是否出现异常，如果叶片失水萎蔫呈黄色或出现不正常脱落现象，尤其是植物的下部叶片，这很可能是浇水过度而使根系缺氧腐烂导致的，或是植物因为缺水而落叶。需要通过持续观察，调整浇水频率来改善。

如果在盆栽附近常见到蚂蚁的踪迹，也许是植株根系或叶片受到介壳虫的危害，尤其是粉蚧，发现后要将其清除。如果是躲藏于栽培介质内的介壳虫，则需要立即更换栽培介质，旧的栽培介质需妥善处理。

4. 栽培介质

栽培介质是另一个影响植物生长的要素。不同的植物所适合的栽培介质不同，用对栽培介质能让植物栽培起来更为轻松。观叶植物适合的栽培介质常见的是以土壤混合其他介质，如椰块、椰纤、稻壳及堆积腐熟的落叶土，这些混合物能增加栽培介质的通气性、排水性及养分。如果不想自己混合，也可以选择市售的已混合各种栽培介质的袋装培养土。对于通气性及排水性要求非常高的植物，如观赏凤梨、某些多肉植物等，则可以混合珍珠岩与兰石来增加栽培介质的孔隙。

许多观叶植物具有攀缘性或附生性，如蔓绿绒、花烛、绿萝、黄金锄叶蔓绿绒及鹿角蕨等，这类植物需要疏松、保湿且排水性好的栽培介质。当我们将这些植物买回家时，可见其栽培介质中混合有椰块，有些甚至全部使用椰块。需要注意的是，使用椰块时需要先将其浸泡 2~3 天，并且天天换水，直到没有棕色的浸出液之后才能用来栽培。但椰块的缺点是使用寿命短，经过 1~2 年就会分解，造成栽培介质孔隙度降低而变得紧实，使植株根系生长不良，所以需要每年定期更换栽培介质。

🙞 因为常将观叶植物栽种于容器内，植株根系的生长便受限于容器，所以需要依植物大小进行换盆并更换栽培介质，以利于植物持续生长。一般来说 1 年至少换盆 1 次，这样植物才有足够的养分及生长空间。

🙞 在容器中栽培观叶植物时，有一个能增加栽培介质排水性及通气性的方法，那就是将破碎的泡沫塑料、大块的椰块或兰石等介质先置于容器底部，再放入栽培介质。

5. 栽培容器

需要依据植物生长习性及大小选择适合的容器，如此才能让植物生长得强健美丽。常使用的栽培容器种类有许多，包括塑料盆、陶盆及瓷盆，其优点及缺点如下：

种类	优点	缺点
塑料盆	▸ 有许多种颜色可供选择 ▸ 重量轻 ▸ 在移动上灵活性高 ▸ 价格低	▸ 排水性稍差 ▸ 使用寿命短
陶盆	▸ 盆壁上有孔隙，所以排水性及通气性好 ▸ 坚硬，耐用度较高 ▸ 使用寿命长	▸ 可供选择的颜色少 ▸ 重量重 ▸ 价格较塑料盆高
瓷盆	▸ 具有独特的外观形状设计 ▸ 使用寿命长	▸ 价格昂贵 ▸ 瓷盆涂有釉料，造成排水性及通气性差

Tips

外表油亮光泽的瓷盆可能不适合直接作为栽培容器使用，因为其排水性及通气性差，会导致植物生长不良，可以将瓷盆套于一般的栽培容器之外，或使用其他美丽的容器来栽培植物，如镀锌盆、藤编容器，或是以麻布袋套装栽培盆器来达到美化效果。

许多观叶植物能水培，不需要栽培介质，如绿萝、莱姆黄金葛、孔叶龟背竹、黄金锄叶蔓绿绒、春雪芋、富贵竹；或是水生植物，如铜钱草、南国蘋；又或是孤挺花等球根花卉等，可以使用能盛水的花瓶或是各种形状的玻璃瓶栽培。重点是要经常换水以防止滋生孑孓，或是在瓶器中养鱼，如斗鱼及孔雀鱼，以避免蚊虫繁衍。

6. 肥料

施肥能帮助观叶植物生长，让叶片色泽明艳、叶柄强健。常使用的肥料为有机肥、水溶性肥料或控释肥 [如氮、磷、钾三要素均衡的奥绿肥（Osmocote）]。基肥施用的时期为每 3 个月换盆时，将肥料与栽培介质混合后施用；追肥施用则在基肥施用后的每 1~2 个月，施用比说明书建议的更小的量即可，以少量多次的方式施用为佳。如果肥料施用过多，除了植物来不及吸收就被水冲淋造成浪费之外，还会造成植物体内水分过多、易受外力损伤、植物徒长而呈瘦长状，失去原本应有的美丽姿态，而且也容易导致根系腐烂，或是盆栽边缘出现盐分累积而不美观。

● 观叶植物的病虫害

观叶植物是观赏植物中病虫害相对较少的一大类群。如果放置于有足够的光照、空气流通的地方，并且定期更换栽培介质，受病虫危害的概率就小，但有时也会在不知不觉的情况下受害。

观叶植物的常见病害有以下 5 种：

1. 软腐病（Soft Rot）

常发生于栽培介质密实且未定期更换的观叶植物。因为栽培介质过于潮湿，根系吸饱水分，细胞膨胀、抵抗力下降，导致感染欧氏杆菌（*Erwinia carotovora*）。

2. 根腐病（Root Rot）

栽培介质过于潮湿，腐霉菌（*Pythium* spp.）就容易入侵，导致植物萎蔫、基部老叶黄化脱落及根系腐烂。此外，根系腐烂的症状也会发生于刚买回来或重新栽种的观叶植物，当植物适应新环境后，此类的根系腐烂现象就不会再发生了。

3. 茎腐病（Stem Rot）

常见于刚扦插的插穗，尤其是粗肋草及黛粉叶。因为镰孢菌（*Fusarium* spp.）易从切口处入侵，造成插穗基部有褐色或黑色汁液、叶片黄化萎蔫脱落，严重者整个枝条都会腐烂。

4. 白绢病（Southern blight）

栽培介质潮湿而富含水分的植物常发。因为吸水而膨胀的细胞易被白绢病病原菌（*Sclerotium rolfsii*）入侵，从而导致植物基部变褐、坏死。如果空气相对湿度高，在发病处也许可见白色菌丝。

5. 叶斑病（Leaf Spot）

若不通风，空气中的病原菌就容易入侵此环境下的观叶植物。如果是真菌类的炭疽刺盘孢菌（*Colletotrichum* sp.）引起的，叶片会出现黄色病斑并且向外扩展，病斑中心则发展为棕色大斑块，并且在四周会有黄色小病斑，该病即为炭疽病（Anthracnose）。但如果是由十字花科黑斑病病原菌引起的，叶缘则会出现红棕色病斑，病斑外围呈现黄色，如果天气炎热，病斑会进一步向外扩展并感染其他部位。

1. 根腐病
2. 白绢病
3. 炭疽病感染叶片造成的真菌性病斑
4. 细菌性叶斑病

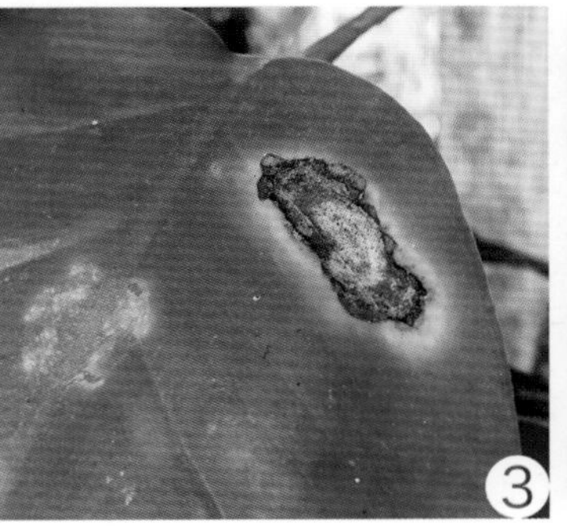

应对措施

◆ 轻微感染：更换栽培介质，将有病原菌的根系、茎及叶片剪掉并烧毁，将植物放置于阴凉处，待伤口干燥后再重新栽种，并将其移到早上受光、空气流通的地方，直到植物恢复健康。

◆ 严重感染

○ 细菌性病害：在重新栽种后，应依照用药说明每周喷施抗生素如链霉素（Streptomycin），直到植物恢复健康。

○ 真菌性病害：在重新栽种后，应依照用药说明施用针对真菌的杀菌剂如克菌丹（Captan）或多菌灵（Carbendazim），直到植物恢复健康。植物恢复健康时可观察到根系生长量变多及长出健康的新叶。

○ 受炭疽病危害：重新栽种后，应依照用药说明施用针对真菌的杀菌药剂如大生 M-45 或代森锰锌（Mancozeb），直到植物恢复健康。

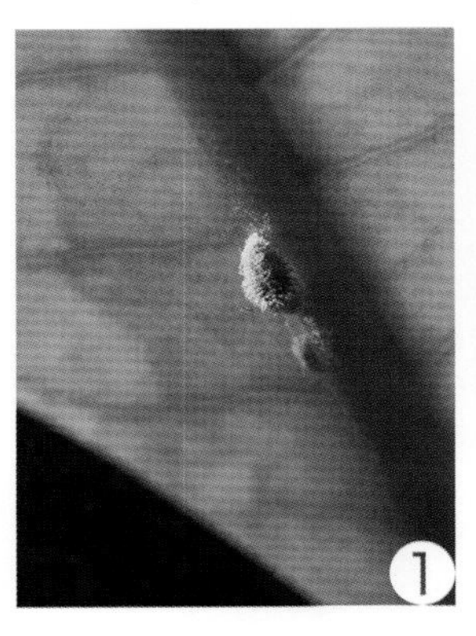

1. 粉蚧
2. 盾蚧
3. 红蜘蛛
4. 蜗牛

观叶植物的常见害虫有以下 4 种：

1. 粉蚧（Mealybug）

可与蚂蚁互利共生的小型害虫。蚂蚁会搬运介壳虫到植物的顶芽、叶片及根部，介壳虫则吸食植物的汁液并排出蜜露，而蚂蚁会取食这些蜜露。其特征是具有黄色、黄褐色或白色等的盾状外壳，主要危害叶片，以吸食植物的汁液为生，同样会导致植物长势减弱。

2. 盾蚧（Scale Insect）

介壳虫的一种，体形较小的白色害虫，与蚂蚁互利共生。危害严重时，植物长势变弱，生长停滞甚至死亡。

3. 红蜘蛛（Red Spider Mite）

红蜘蛛属于体形非常小的一种螨类，主要栖息于叶片背面，肉眼看起来像是会移动的红色小斑点，以吸食植物叶片的汁液为生，受害叶片出现白色的小斑点，会造成植株光合作用能力下降。红蜘蛛危害常发生于天气炎热时，栽培于室内的观叶植物少有暴发的情况。

4. 草食性昆虫或动物

常危害栽培于室外的植物，如毛毛虫、蝗虫、蜗牛及蛞蝓等，会将叶片吃得破破烂烂，影响植物的美观。

应对措施

◆有刺吸式口器的害虫：如果危害不严重，可以用手摘除并将叶片清理干净，清洁周围环境，避免蚂蚁出没；如果危害严重，可以施用化学药剂如呋虫胺（Dinotefuran），将药剂撒在盆栽四周并用水淋湿；如果危害情况非常严重，尤其是红蜘蛛大暴发时，要将受害的部位摘除，并喷洒药剂如克螨特（Propargite）。

◆有咀嚼式口器的害虫：如果危害不严重，直接用手摘除即可；如果危害严重，可喷施化学药剂，如西维因（Carbaryl）。若为夜间活动的蜗牛，要时常查找并将其摘除；如果危害严重，可以在蜗牛的行动路线上撒施四聚乙醛（Metaldehyde），蜗牛食用后会死亡。

Do you know?

▸ 若观叶植物的叶片由深绿色转为浅绿色、黄色或紫红色，可能的原因有很多，大多是因为缺乏某些必需的营养元素，此时可喷施适当的液态肥料来补救，另外要记得定期补充肥料。

▸ 缺乏某种或多种必需的营养元素时，植物会出现某些共通的症状，可以通过观察这些症状来诊断缺乏的是哪种元素，详细症状请见下表：

缺乏的营养元素	症状
氮	生长缓慢，发育不良；不长侧芽；轻微时老叶黄化，严重者全株叶片黄化，老叶易脱落
磷	植株矮化；叶片呈紫红色并有黄化现象，新叶变小，绿色幼叶提早脱落；茎瘦弱，易倒伏
钾	生长缓慢；自老叶叶尖及叶缘黄化后变为褐色、干枯脱落，再渐次扩及新叶；茎瘦弱，易倒伏
钙	叶缘出现皱缩、扭曲，枯死时呈白色或棕色，或是顶芽弯曲、弱化而逐渐死亡；新叶卷曲；根系弱化
镁	老叶黄化，但叶脉仍维持绿色，两者形成鲜明对比，进一步发展为白化或呈棕色，又或者出现黄白色的斑块；叶片变脆，容易破损
硫	症状与缺氮相似，但病症出现于新叶
硼	植株矮化；新叶干枯死亡似缺水的症状；茎变脆，容易受损；植株中心部位褐化、腐烂
铜	植株矮化；叶片呈灰绿色，叶缘卷曲，新叶黄化脱落
铁	叶片因为无法形成叶绿素而呈黄白色，叶肉坏死、叶片脱落
钼	新叶变厚，呈灰绿色，叶缘卷曲，基部可能出现浅红色病斑并向先端扩展
锌	植株矮化；新叶变小、变窄，发育时因为缺氧而黄化

● 观叶植物的繁殖方式

观叶植物的繁殖方法有很多种，一般可以分成两种，分别是有性繁殖（即播种繁殖）和无性繁殖，如扦插繁殖、分株繁殖和组织培养。

1．播种繁殖

播种繁殖适合不长侧芽（分蘖），但会开花结籽的观叶植物。由种子繁殖的子代植株，其性状可能与亲本不同，现在常用播种繁殖的观叶植物有花烛、龙血树属植物、虎尾兰、粗肋草（但它们会长侧芽）等。播种繁殖方法不难，其步骤如下：

Step 1　收集已经成熟、无病虫害的果实，洗去果肉后，将干净的种子阴干。

Step 2　将土壤与椰纤以 1：1 的比例混合均匀，作为栽培介质置入盆中。

Step 3　在盆中撒播种子，并将种子轻轻地压入栽培介质中，之后再薄薄地覆上一层。将栽培介质浇透水，并将盆栽放置于有散射光的环境中。可施用一些防治真菌的药剂，以确保种子顺利发芽。

Step 4　经过 7~10 天（因植物而异），即可见种子发芽、长出新叶，等到幼苗长出真叶、强健后即可进行换盆作业。

step 1

Tips

如果手边已经有栽培观叶植物的土壤，可与椰纤以 1 ： 1 的比例混合作为播种的栽培介质，用来取代稻壳灰或泥炭土。

如果是花烛、粗肋草的种子，需要将外面包裹的果肉洗净，种子才容易发芽，也能避免引来蚂蚁或鸟类取食。

如果种子还覆盖着坚硬的种皮或种壳，如各种棕榈科与龙血树属植物，在洗净包覆种子的果肉后，需用砂纸磋磨种皮或种壳，小心别伤到种子，可使种子容易吸水而促进发芽。

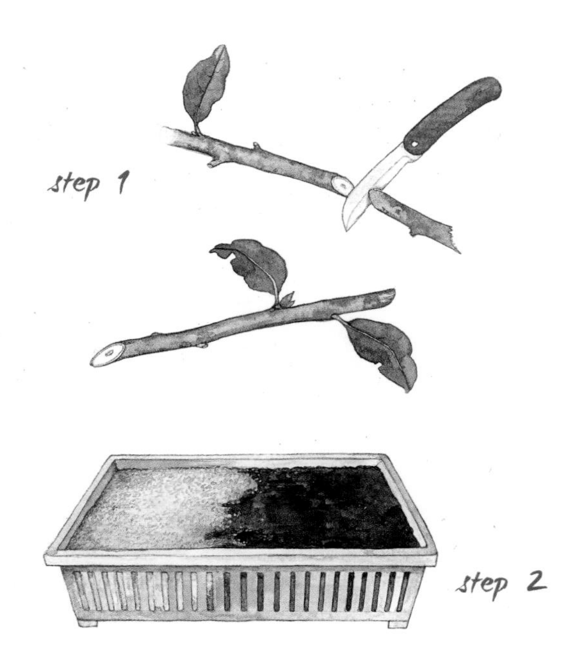

2. 扦插繁殖

此法难度不高，适合枝条为蔓性或分枝很多的观叶植物，如各种绿萝、蔓绿绒、朱蕉等。这些植物长时间自然生长，株型会越来越杂乱，此时就需要修剪部分枝条，剪下来的枝条即可用来扦插，具体步骤如下：

Step 1　选用尚未老化或非过嫩的枝条，截取 15~25 厘米、具有 3~4 节的一段作为插穗，保留 2~3 片叶即可。

Step 2　将土壤与椰纤以 1：1 的比例混合均匀，作为栽培介质置入有排水孔的扦插盘或小盆中，将介质稍微浇湿。

Step 3　用小木棍在栽培介质上压出小凹槽，将准备好的插穗顺着凹槽插入，约 2 节的深度即可。将栽培介质稍压密实，这样浇水时插穗才不会摇动。

Step 4　将栽培介质浇透，并将扦插盘或小盆置于有散射光的环境中。若 1~2 周后枝条仍然保持新鲜，说明插穗正在生根。待插穗根系长至一定长度并长出新叶后，再将植株移植到较大的盆器中。

Tips

有些观叶植物如富贵竹、变叶木、南洋参、朱焦、绿萝、孔叶龟背竹、春雪芋等，无须扦插于栽培介质中，可以将半木质化的枝条剪下并插于装有清水的容器中，不久后插穗就会长出新根，当根系够多、够强健时就可以移植于一般的栽培介质中。

若为枝条质地坚硬的观叶植物，如南洋参、龙血树属植物或茎木质化的龟背竹，建议在伤口处涂抹石灰，可预防病原菌入侵，或者涂抹生根粉，等伤口阴干后再进行扦插作业。

3. 分株繁殖

适合从茎基部长出侧芽（分蘖）的观叶植物，如竹芋、棕竹、粗肋草、春雪芋、虎尾兰等。这些植物长大后会呈现丛生状，满盆时就需要换盆，并且移除部分过多的丛生枝芽。修剪下来的枝芽即可用来繁殖新的植株，具体步骤如下：

Step 1　将生长成一大丛的植物从盆中取出，移除部分根系包裹的栽培介质，并剪除枯死的部分。

Step 2　使用干净锐利的刀将植物从基部进行分株，切记分株后的每一株需要包含一部分芽和根系。

Step 3　将栽培介质装到新盆器的一半高度，把分好的植株放入后再装满栽培介质并稍微压实，以免浇水时植株倒伏。将栽种好的新盆栽放置于有明亮散射光的环境中，待植株重新生长且恢复强健后，再移至其摆放的位置。

4. 组织培养

可以在短时间内繁殖出大量植株，适合需要繁殖大量植株售卖的从业者。但此法需要专业的操作人员及无菌室，通常由专业的公司接受订单后进行繁殖。

Do you know?

▸ 有些观叶植物具有质地坚硬的茎，如龙血树属植物和朱焦，可使用压条方式繁殖，也就是将开始木质化的枝条剥皮，用湿润的椰纤包裹并密封，不久之后伤口处会长出新根，当根系发育好后即可剪下栽种。

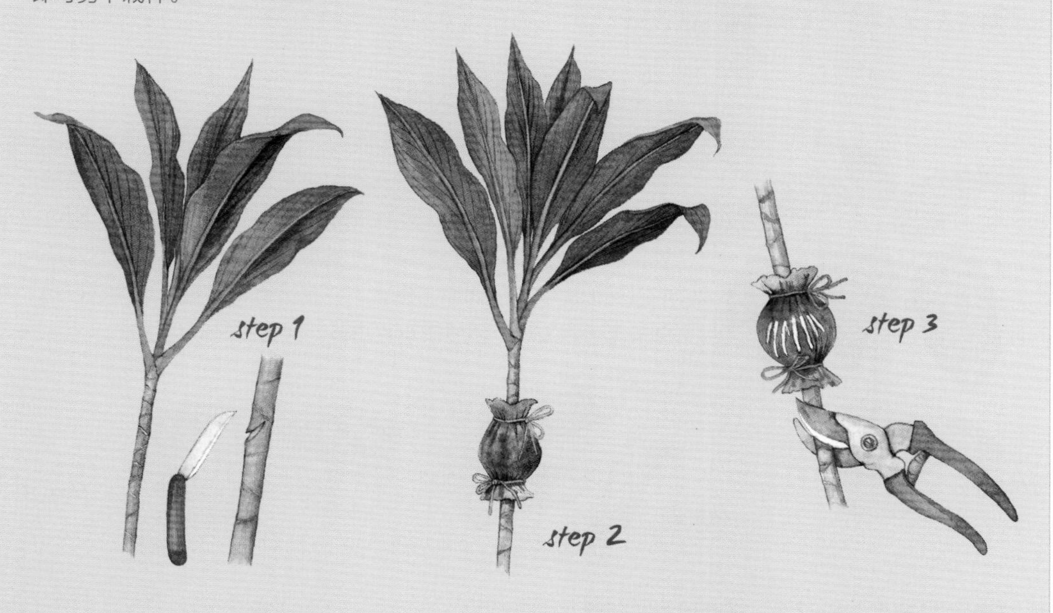

▸ 有些观叶植物的茎为蔓生型，除了可使用扦插繁殖外，也可以等植物枝条生长至附近的盆内或地上，待扎根后再将枝条剪下即可。

● 其他栽培方面的问题

Q：观叶植物的茎变得细长，植株姿态变丑，该怎么处理？

A：可能是因为光照不足，导致植物徒长，茎因此变得细长。可通过修剪让其重新生长，并慢慢移至室外，让植物逐渐适应强光环境，一段时间后植物会长出新芽，恢复原本美丽的姿态。如果直接将植物由室内移至室外，可能会因为光照一下子变得太强而出现烧叶等生理性病害。另外，可多准备 1 株植物与其交替摆设，以便它们都能健康生长。

Q：黛粉叶或朱蕉的茎过长，该怎么处理？

A：可以将茎的上半部（含有顶芽）剪下重新扦插，剩余的茎可以剪成小段，阴干后扦插于湿润的稻壳灰中进行繁殖。如果插穗含有顶芽，扦插深度为 5~10 厘米；如果插穗是剩余的茎段，则可以平放，并稍微压入栽培介质中。扦插后要将栽培介质浇透，可施用药剂以保护插穗不被病原菌侵害，并套上透明的塑料袋进行保湿。将盆放置于阴凉处，待生根与长出新芽时再将塑料袋移除。

Q：如果需要离家一段时间，观叶植物会因缺水而死亡吗？

A：有 2 种简单的方法可以解决浇水问题，第一种方法是找一个比盆栽大一些的脸盆或水桶，装一点水后将盆栽置于其中，让水面差不多与盆栽的排水孔同高；第二种是找一根直径约为 1 厘米、长约 50 厘米的水管，将水管的一端插入盆栽内约 15 厘米深，另一端沉入装有水的脸盆或水桶，过一会水会经水管流入盆栽内，这种方法要求装有水的脸盆或水桶所放的位置高于盆栽，以利于水由水管流入盆栽。

● 泰国的观叶植物市场

1. 乍都乍周末集市

该集市是一家大型花卉市场，开放时间为每周二至周日，市场中的大多数商家采取自己种植、自己销售的模式，因此价格相对合理。乍都乍周末集市区别于其他市场的另一个特点是植物类型丰富多样，甚至有许多其他地方买不到的珍稀植物品种，如果需大规模购进也可直接向商家咨询。

2. 金禧路沿街花卉市场

位于曼谷市吞武里县附近的一家大型观赏植物市场，以“花卉之路”的别名著称。该市场自金禧路与 Rama 2 路交界处跨越环曼谷高速公路，另一端延伸至素攀武里府大林山街道，此处的不少商家都是来自邦艾县和邦博通县的花农，因此价格也较为便宜。

3. 吞武里市场

该市场又名二世皇广场，是吞武里县的一家大型观赏植物市场，植物种类众多。该市场的批发类商家只在每周一营业，其他的零售类商家则每天都营业，但客流量通常在周末和节假日比较高。

4. 迈空 15 花卉市场

位于那空那育府兰实街道，是一家不少园艺爱好者熟知的大型植物生产和批发市场。该市场拥有超过 30 年的历史，所出售的大多为活动用观叶植物，由于各品类的销量较大，价格多为市场批发价，同时有不少商家每天都开放营业，十分方便。

上述花卉市场中出售的观叶植物不仅有盆栽，也有在黑色育苗袋中培植的品种，如果是大型树种则会提供包根服务。无论是想要选购花盆、园艺工具还是农用化学品，都一定会满载而归。

位于乍都乍周末集市的一家店铺，名为通卡店，销售园艺工具和农用化学品，每周二至周日营业

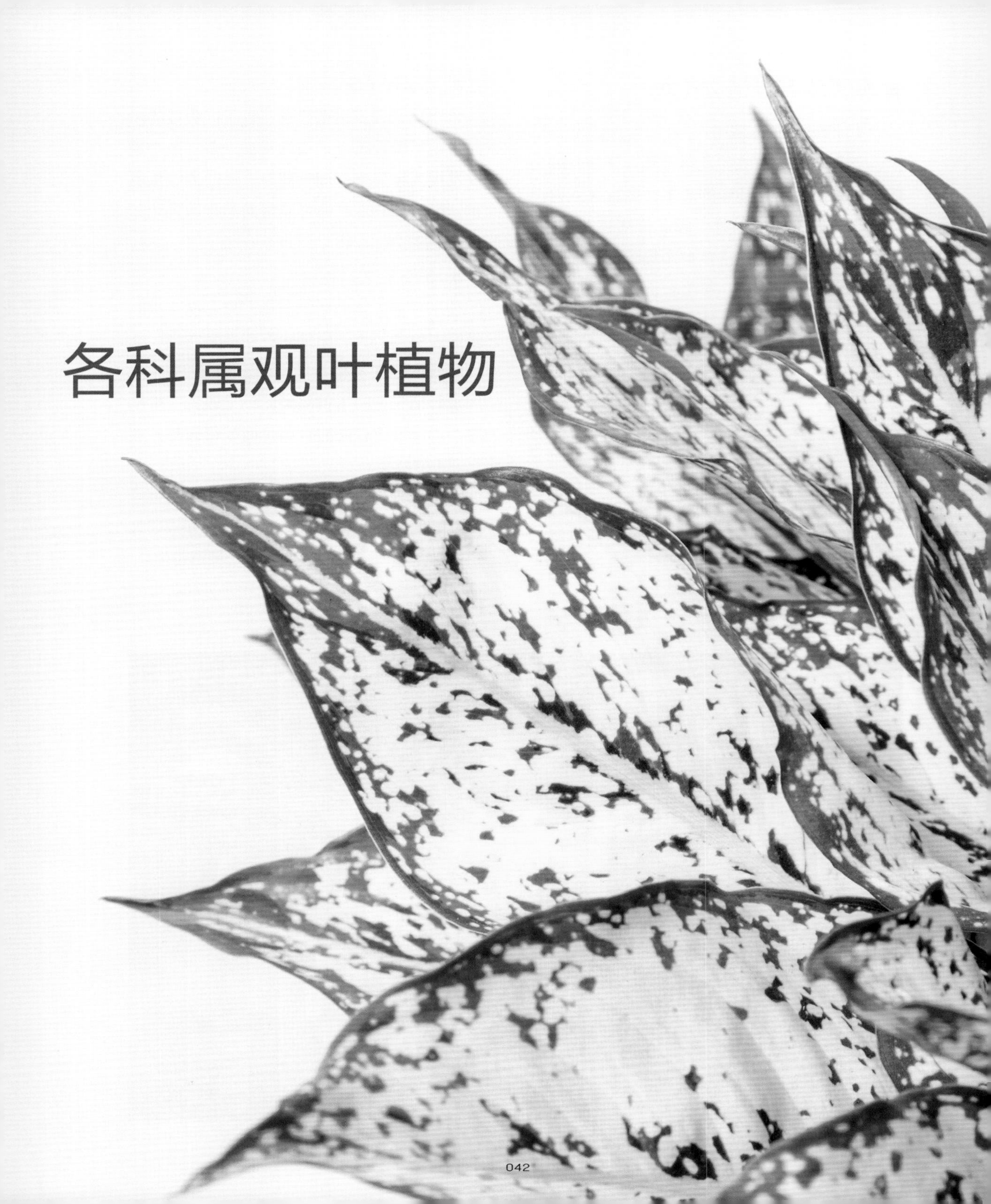

各科属观叶植物

天南星科
Araceae

天南星科植物主要分布于热带地区，有 117 个属、3000 多个种。该科为多年生单子叶植物，全株肉质。茎的形态与生长方式多变，地下茎有如芋头那样用来贮藏养分的块茎或根茎，地上茎有直立、丛生或能攀附于大树的蔓生茎。此外，除了一般的地生型植物外，有的天南星科植物可生长于水面或湿地。花序为佛焰花序（肉穗花序的一种），由小花着生的肉穗和包裹肉穗的佛焰苞组成，自植株近先端的叶腋抽出。果实为浆果，成熟时变为橘色或红色，内有 1~2 粒坚硬的种子。该科植物全株具有草酸钙结晶乳汁，对人类和动物的皮肤都具有毒性，接触时会出现瘙痒或发炎肿胀。天南星科中的很多属作为观叶植物都很热门，如广东万年青属（*Aglaonema*）、花烛属（*Anthurium*）、五彩芋属（*Caladium*）、黛粉芋属（*Dieffenbachia*）、龟背竹属（*Monstera*）、喜林芋属（*Philodendron*）等，并且栽培历史久远。

广东万年青属 /*Aglaonema*

属名源自希腊语 agiaos（明亮的）和 nema（线），形容着生于肉穗上的雄蕊。该属有超过 25 个种，分布于亚洲的热带雨林地区。广东万年青属植物的特征为全株肉质，具有粗大的地下根茎；地上茎具有明显的茎节，呈直立或蔓生姿态；单叶互生，具有多种叶形、叶斑及叶色；花序为佛焰花序，雄花位于肉穗的上端，数量非常多，而雌花则位于肉穗的下端；果实为浆果，呈椭圆形，多群聚于肉穗的基部，成熟时变为橘色或红色，内含 1 粒种子。

广东万年青属植物在园艺界常被称为粗肋草，其泰语名字的意思是美丽明亮如黄金，根据该属育成的杂交代的形态与叶色得出。为了让粗肋草更适合盆栽，育种目标多朝小型、短叶柄、姿态紧密、抗虫害及耐阴方向进行。粗肋草被视为吉祥植物，自古以来被广泛种植，常作为盆栽摆放于家门前或阳台上，以祈求好运降临及身体健康。

粗肋草应栽种于上午有半日照的地方或树荫下，但须避免栽种在过于阴暗处，不然植株会徒长、不健壮；栽培介质应保持湿润，但不要过于潮湿；可采用顶芽扦插或分枝繁殖。研究显示，粗肋草能有效吸收空气中的甲醛，再加上有非常多的株型与叶色变化，所以越来越多的人喜欢在室内栽培或用其来装饰室外庭院。

斑叶粗肋草

Aglaonema pictum（Roxb.）Kunth

原产地：马来西亚至印度尼西亚的苏门答腊岛

斑叶粗肋草是十分美丽且叶斑多变的粗肋草原生种，它在泰国栽培历史悠久，但生长缓慢，繁殖难度非常高，所以不太流行；在日本则选育出许多性状特别的品种。本种常作为观叶植物栽培于装有灯具的生态玻璃容器或鱼缸中，喜潮湿，但若栽培介质积水，则容易腐烂。

1　鱼骨短苞粗肋草

A. brevispathum（Engl.）Engl.

2　斑叶短苞粗肋草

A. brevispathum（Variegated）

3　白肋短苞粗肋草

A. brevispathum（Engl.）Engl.

原产地：东南亚

1　心叶粗肋草

A. costatum N.E.Br.

原产地：泰国、马来西亚

2　白雪粗肋草（玉皇帝、银河粗肋草）

A. crispum（Pitcher & Manda）Nicolson

原产地：菲律宾

3　细斑粗肋草‘玛利亚’

A. commutatum Schott‘Maria’

原产地：菲律宾

本品种在泰国已有数十年的栽培历史，可以栽培于室内或室外，土培、水培均可，对光照需求少，生性强健，几乎能在各种环境中生长。

4　矮粗肋草

A. pumilum Hook.f

原产地：泰国、缅甸

粗肋草‘云山’

Aglaonema‘Duj Unyamanee’

由云山花园的 Pramote Rojruangsang 以‘Khanmaak Chaowang’与‘Potisat’杂交而成，是世界上第一株整个叶片为鲜红色的粗肋草杂交后代。Pramote Rojruangsang 在 2003 年将该杂交后代与另外 2 株粗肋草以 100 万泰铢（约 20 万人民币）的高价售出，这让全世界都看见了泰国在广东万年青属育种上的实力，但后来再也没有出现为了在观叶植物圈中交易而繁殖那株粗肋草。接下来 Pramote Rojruangsang 又选育出一株性状几乎与第一株鲜红色叶片粗肋草相同的植株，命名为‘Duj Unyamanee’，但大多数人都只称其为‘Unyamanee’，直到现在仍可在市场上见到这个品种。除了原始品种外，还有组培变异品种，如叶片为绿色与白色的 *Aglaonema*‘White Unyamanee’，以及叶片为绿色、粉红色与白色的 *Aglaonema*‘Duj Unyamanee’（Variegated）。

1　三色迷彩万年青

Aglaonema‘Duj Unyamanee’(Variegated)

2　雪后粗肋草

Aglaonema‘White Unyamanee’

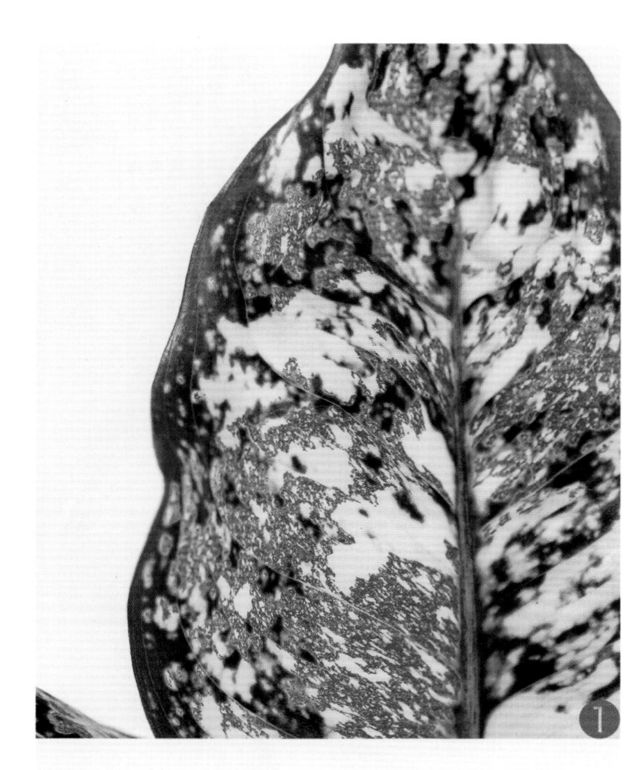

1　雷格西广东万年青

Aglaonema‘Legacy’

本品种是由泰国最早期的知名粗肋草育种家之一 Jirayu Thongwuttisak 育成，是泰国首批非常有名的彩叶植物之一。

2~3　雷格西广东万年青（变异种）

Aglaonema‘Legacy’（Mutate）

4　暹罗王粗肋草（黄金宝座）

Aglaonema‘King of Siam’

本品种是 Sithiporn Donavanik 先生用圆叶粗肋草（*A.rotundum*）与细斑粗肋草（*A. commutatum*）杂交育成，是世界上第一批叶片颜色有粉红色的粗肋草品种，后来许多育种家都以它为亲本进行选育。早期售价高达上千至上万泰铢，现在已被其他颜色更为鲜艳亮丽的新品种取代，但仍然是观叶植物历史中的传奇之一。图中所示为 *Aglaonema*‘Banlangthong’的突变个体，真正的 *Aglaonema*‘Banlangthong’见第 19 页。

1　斑叶长青粗肋草（越南万年青）

A. simplex（Blume）Blume（Variegated）

2　雾叶粗肋草

Aglaonema nebulosum N.E.Br

原产地：加里曼丹岛

3　世界遗产粗肋草

Aglaonema‘Moradok Loke’

在泰国大城府的世界遗产活动上获得最佳奖。

4　如意粗肋草（苏门答腊之傲）

Aglaonema‘Pride of Sumatra’

由印度尼西亚育种家 Gregori Hambali 育成。

暹罗极光粗肋草（极光粗肋草）

Aglaonema ‘Siam Aurora’

暹罗极光粗肋草由 Chitsanupong Garden 杂交育成，现今多以组织培养来大量繁殖进行盆栽，在各国观叶植物市场中均可见到其身影，是十分受欢迎的粗肋草杂交种。

1　超级红星广东万年青

Aglaonema‘Suk Som Jai Pong’

由云山花园用‘Cochin’与‘Khanmaak Chaowang’杂交而成。

2　素万那普粗肋草

Aglaonema‘Suvannabhumi’

由云山花园用‘Cochin’与‘Golden Bay’杂交而成。本品种在 2006 年荣获泰国皇家花卉节及观赏植物发展社团 2000 颁发的粗肋草杂交品种奖，2006 年正是泰国素万那普机场正式启用的年度。

1　大苹果粗肋草

Aglaonema‘Big Apple’

2　金水印万年青

Aglaonema‘Lai Nam Thong’

3　蕉叶中脉粗肋草

Aglaonema‘Kan Kluay’

1　粉色宝石广东万年青
Aglaonema‘Petch Chompoo’

2　富翁广东万年青
Aglaonema‘Sup Sedthee’

3　卓绝财富广东万年青
Aglaonema‘Sup Prasert’

1　吉祥粗肋草
Aglaonema‘Valentine’

2　玉暹罗广东万年青
Aglaonema‘Yok Siam’

3　玉龙广东万年青
Aglaonema‘Mungkorn Yok’

尚未命名的粗肋草杂交种

Aglaonema hybrid

海芋属 /*Alocasia*

属名源自希腊语，前缀“a”表示非、异，“locasia”取自芋属（*Colocasia*），是指该属植物与芋属植物外观相似，但在某些方面又有不同。海芋属约有 80 个种，分布于亚洲热带、亚热带地区及澳大利亚，多生长于雨林或湿度高的溪流边缘地带。该属植物为多年生，具有贮藏养分的地下块茎，地上茎则呈肉质圆柱状；单叶，叶片呈心形或箭形；花茎短，着生于植株近基部处，佛焰苞片围绕在肉穗花序外。海芋属的很多种可作为观叶植物，适合种植于阳台上、窗边或室内，切记要保持栽培介质湿润，忌干旱。

箭叶海芋（尖叶海芋、小仙女观音莲）

Alocasia longiloba Miq.

原产地：老挝、柬埔寨、越南

箭叶海芋合并了许多个近缘种，这些近缘种的外形不尽相同，并且有许多异名，如 *A.amabilis*、*A.curtisii*、*A.grandis*、*A.longifolia*、*A.lowii* 及 *A.veitchii* 等。

1　尖尾芋（佛手芋、老虎芋）

A. cucullata（Lour.）G.Don

原产地：中国、印度、缅甸、斯里兰卡

2　斑叶尖尾芋

A. cucullata'Moon Landing'

3　卷叶尖尾芋

A. cucullata'Crinkles'

4　紫背箭叶海芋

A. lauterbachiana（Engl.）A.Hay

原产地：巴布亚新几内亚

其种名源自德国植物学家卡尔·劳特巴赫（Carl Lauterbach）。

1　热亚海芋‘黄貂鱼’

A. macrorrhizos（L.）G.Don‘Stingray’

2　热亚海芋‘新几内亚黄金’

A. macrorrhizos‘New Guinea Gold’

3　帝王海芋‘紫色斗篷’

A. princeps W.Bull‘Purple Cloak’

4　星云海芋

A. nebula A.Hay

原产地：加里曼丹岛

1　斑马海芋

A. zebrina Schott ex Van Houtte

原产地：菲律宾

2　斑叶斑马海芋

A. zebrina（Variegated）

3　板盾海芋（甲骨文海芋）

A. scalprum A.Hay

原产地：菲律宾

1　深裂海芋

A. brancifolia（Schott）A.Hay

原产地：巴布亚新几内亚

原本被归类于羽叶海芋属（*Schizocasia*），但后来研究发现它的花序形状与海芋属相似，故被重新划分至海芋属。它的株高可达 1 米，叶片呈三角形，沿叶脉深裂，叶柄为浅绿色，被覆深棕色斑点。

2　花叶热亚海芋

A. macrorrhizos（Variegated）

花叶热亚海芋为斑叶变异的观叶植物，能让庭院看起来更明亮清新。它生长缓慢，栽培介质忌潮湿。若空气相对湿度低，叶缘会焦枯，可与其他观叶植物一起栽培，并提高空气相对湿度。

1　海芋（泰国野生品种）

Alocasia sp.‘Thailand’

原产地：泰国南部

2　美叶芋

Alocasia sanderiana hort.ex Bull

原产地：菲律宾

3　黑叶芋（黑叶观音莲）

Alocasia × *mortfontanensis* André‘Bambino Arrow’

雷公连属 /*Amydrium*

属名源自希腊语 amydron，意为淡的、不清楚的，指该属的模式种植物外观与其他属植物十分相似。雷公连属有 5 个种，分布于亚洲，所有种均为攀缘性藤本植物，会攀附于大树，常被误认为是绿萝或崖角藤属（*Rhaphidophora*）植物，很少有人认识且研究也尚少。该属植物耐阴性强，可作为盆栽装饰室内环境，喜散射光和排水良好的栽培介质，常以扦插方式繁殖。

鸡爪雷公连（齐氏雷公连）

Amydrium zippelianum（Schott）Nicolson

原产地：菲律宾、印度尼西亚、巴布亚新几内亚

花烛属 /*Anthurium*

属名源自希腊语 anthos（花朵）和 ouros（尾巴），指该属植物的肉穗花序细长，犹如尾巴。花烛属有将近 1000 个种，分布于中美洲及南美洲。该属植物为多年生，茎部不会木质化，着生于节间处的根系粗大。随株龄增加，茎部逐渐生长为长柱状，而根系具有支撑功能，能避免茎部倒伏。大多数人都知道花烛属植物有美丽的佛焰苞，而不知道该属有许多种的叶片也具有观赏价值，这些观叶型花烛耐阴性强，除了某些种需要很高的湿度外，多数适合在室内栽种。对湿度需求高的，建议选择小型种，将其栽培于水族箱或生态玻璃容器内。

明脉花烛（圆叶花烛）

Anthurium clarinervium Matuda

原产地：巴西

明脉花烛是第一批引进泰国栽培的观叶类花烛，株高仅 50 厘米左右，叶片厚、硬，有天鹅绒般的质感，叶呈心形、深绿色，叶脉为银灰色。易栽培。

1　布朗尼花烛

A. brownii Mast

原产地：哥伦比亚、哥斯达黎加、巴拿马

2　斑叶布朗尼花烛

A. brownii（Variegated）

3　福斯多米诺花烛

A. faustomirandae Pérez-Farr. & Croat

原产地：墨西哥

天南星科植物专家 Thomas B.Croat 博士是发表本种的研究人员之一，它以前曾被命名为 *A.whitelockii*，但后来改名为 *A.faustomirandae*。在很多资料中介绍的本种叶片最长只有 60 厘米，但实际上可长达 1.2 米。

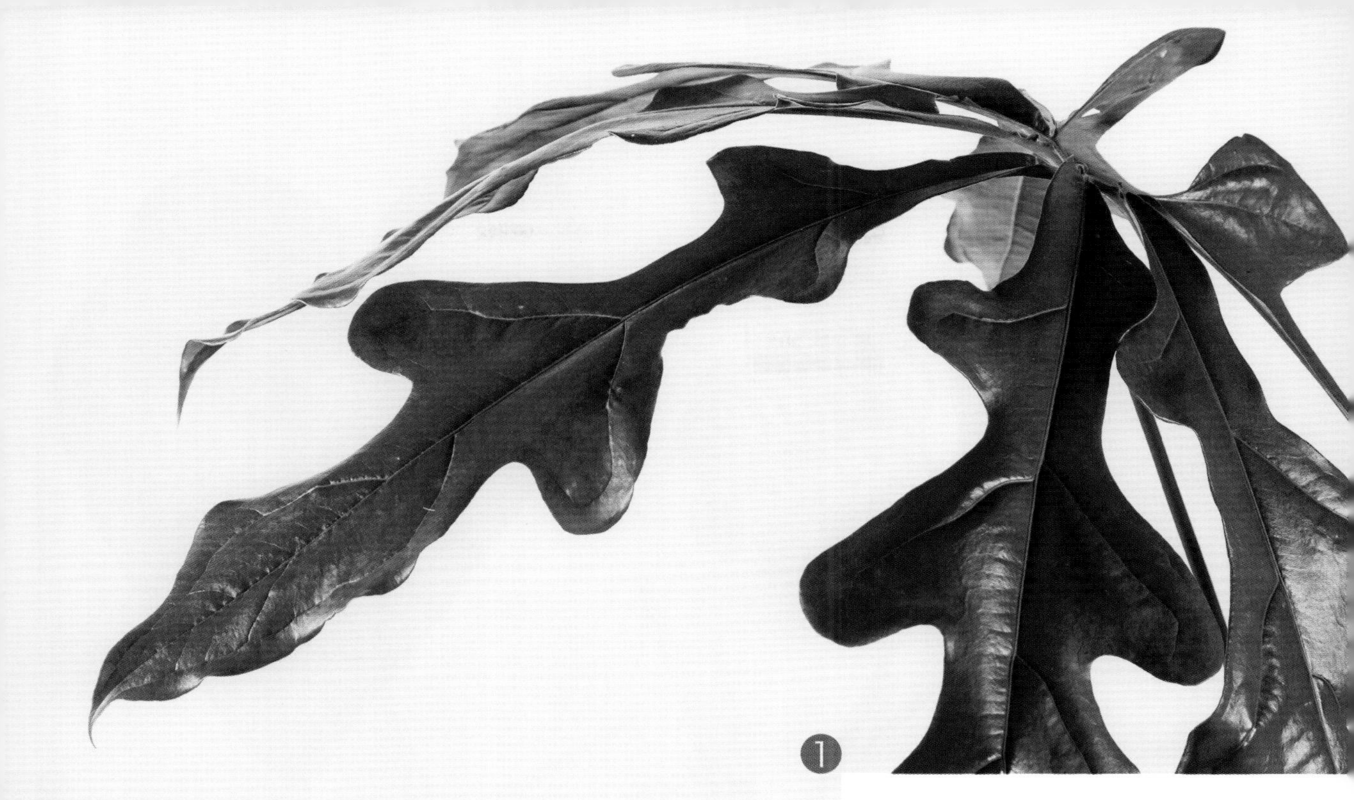

1　雪花花烛（棒柄花烛）

A. clavigerum Poepp.

原产地：尼加拉瓜、几内亚、巴西、玻利维亚、哥斯达黎加

2　杂交巨巢花烛

A. jenmanii（hybrid）

钝叶花烛（*A. bonplandii* subsp. *guayanum*）的杂交种。

3　斑叶杂交巨巢花烛

A. jenmanii（hybrid）（Variegated）

1　华丽花烛

A. luxurians Croat & R.N.Cirino

原产地：哥伦比亚

本种的特征为叶片厚，质地如皮革，心形，深绿色，叶柄呈菱形并具有翼状构造。

2　华丽花烛（绒叶花烛）

A. magnificum Linden

原产地：哥伦比亚

3　条叶花烛（维塔领带花烛）

A. vittariifolium Engl.

原产地：巴西西部

条叶花烛在自然界中常攀附于大树，叶片细长，质地厚、硬，可作为吊盆植物栽培，栽培容易。

1　木兰花烛

A. moonenii Croat & E.G.Gonc

原产地：法属圭亚那

2　五裂叶花烛

A. pentaphyllum（Aubl.）G.Don

原产地：墨西哥、巴拿马

3　鸟足状花烛

A. pedatum（Kunth）Endl. ex Kunth

原产地：哥伦比亚

4　细裂花烛

A. podophyllum（Cham. & Schltdl.）Kunth

原产地：墨西哥

泡叶花烛

A. radicans K.Koch & Haage

原产地：巴西、厄瓜多尔

1　时间吞噬者花烛

A. splendidum W.Bull ex Rodigas

原产地：哥伦比亚

本种喜高空气相对湿度，但忌栽培介质过于潮湿、积水，适合栽培于玻璃缸内以控制湿度，并且放置于光照充足的环境中养护。

2　史考特花烛

A. schottianum Croat & R.A.Baker

原产地：哥斯达黎加

3　巴西花烛

A. plowmanii Croat

原产地：巴西、秘鲁、玻利维亚、巴拉圭

本种学名以蒂莫西·普洛曼（*Timothy Plowman*）博士的名字命名。

1　国王花烛（红掌王、皱叶花烛）

A. veitchii Mast.

原产地：哥伦比亚

野生植株叶片可长达 3 米，叶脉具有明显的皱褶，新叶呈紫红色，花序佛焰苞呈白绿色，喜湿度高、明亮的散射光环境。园艺栽培的植株株型通常会变得较小，叶片长度不超过 1 米，如果栽培于室内，需要与其他观叶植物一起种植，或是种植于大型玻璃缸等空气相对湿度较高的环境中。

2　长叶花烛（皇后花烛）

A. warocqueanum T.Moore

原产地：哥伦比亚

长叶花烛是另一种较少见的种，一般称为皇后花烛或火鹤后花烛。野生植株的叶片长度较国王花烛短，叶片为心形，具有清晰的白色叶脉，喜湿度高、明亮的散射光环境。如果作为观叶植物栽培于室内，需要与其他观叶植物一起种植，并且要保持一定的湿度，或种植于大型玻璃缸等空气相对湿度较高的环境中。

1　瓦特马尔花烛

A. watermaliense L.H.Bailey & Nash

原产地：哥伦比亚、哥斯达黎加、巴拿马

本种学名源于比利时一个名叫 Watermall 的城镇，该地是第一次发现这种花烛的地方。

2　威廉福特花烛

A. willifordii Croat

原产地：秘鲁

本种学名以杰克·威利福德（Jack williford）的名字命名，他是首位采集到本种活体标本的人。本种为附生型植物，在自然界中着生于雨林中的大树分枝上。

3　威尔登诺花烛

A. willdenowii Kunth

原产地：特立尼达和多巴哥

王中王花烛

Anthurium‘King of Kings’

本品种为叶片呈金黄色的花烛杂交种，在 2017 年泰国国王拉玛九世普密蓬·阿杜德火化葬礼仪式中，被用来装饰皇家火葬亭建筑群。

1 黑丝绒花烛

Anthurium‘Black Velvet’

2 海葵花烛

Anthurium‘Marmoratum Complex’

由南美洲出口时的拉丁名为 *A.marmoratum*‘Complex’，包含很多品系，如 *A.marmoratum*、*A.angamarcanum*、*A.dolichostachyum*，所以无法确定图中所示的是哪一个品系。

1 箭形叶杂交花烛

Anthurium hybrid

2 乌贼触手叶杂交花烛

Anthurium hybrid

3 恐龙掌状叶杂交花烛

Anthurium hybrid

4 羽状裂叶杂交花烛

Anthurium hybrid

1　蔓性皱叶杂交花烛

Anthurium hybrid

本种是 *A.radicans* 与 *A.dressleri* 的杂交种。

2　比也那花烛

Anthurium‘Villenoarum’

原产地：秘鲁

3　杂交花烛

Anthurium hybrid

4　斑叶杂交花烛

Anthurium hybrid（Variegated）

五彩芋属 /*Caladium*

属名源于 kale 或 kalodi，是原产地土著人用来称呼这种植物的名字，也叫彩叶芋。五彩芋属有 14 个种，分布于中美洲及南美洲的热带地区。

该属植物的特征为全株肉质，具有球形的地下块茎。叶片具有斑纹；叶形有心形、卵圆形及披针形；叶色多变，有红色、黄色、绿色、粉红色、白色；叶柄为圆形，有长叶柄也有短叶柄，有些种的叶柄进化出类似小叶片的构造。佛焰花序，肉穗上有完整的雄花与雌花，傍晚至早晨开花，具有淡淡的香气。该属植物常以分株或切割块茎方式繁殖，如果进行杂交育种，需要通过种子繁殖。

泰国栽培五彩芋的历史长达数百年，最早可追溯至素可泰王朝时期（1238—1349 年）。另外，在泰国国王拉玛五世访问欧洲结束后，带了许多外国植物回泰国种植，其中就包含了五彩芋。随着时间的推移，它仍然很受欢迎。1982 年成立了泰国五彩芋协会（Caladium Association of Thailand），有许多会员致力于育种并成功获得许多新的杂交种，多达上千种被登记注册并命名，让五彩芋获得“观叶植物之后”的称号。这些新品种被分群归类，到目前为止，由泰国人育成的五彩芋品种应该已经超过 5000 个了。

五彩芋属植物喜高湿、散射光环境，在冬季低温时会落叶，只留下块茎进入休眠，直到春季气温回升时再萌芽恢复生长。所以常将五彩芋种在简易的小温室中以保持稳定的湿度及温度，如此植株才能全年生长。

如果在室内种植五彩芋，需要选一个光照充足、温度不会过低的地方，因为温度过低，五彩芋会落叶并进入休眠。此外，还需要挑选生性强健的品种，这样的品种大部分是老品种，如泰美人彩叶芋。如果是株型较小的百彩叶芋（*Caladium humboldtii*），则可以在倒置的玻璃器皿或生态玻璃缸中栽培，并用于装饰室内。另外，在室内栽培时还需要经常转动盆器，让五彩芋受光均匀，以避免植株因向光生长而使姿态歪斜，并且每周要将五彩芋移至室外晒太阳、接受新鲜空气，如此植株才会生长得健壮美丽。如果五彩芋落叶并进入休眠，则需要停止浇水，将盆栽移至较暖和、光照更充足的室外，等到植株再次萌芽、生长茁壮后，再移回室内。

1　百彩叶芋

Caladium humboldtii（Raf.）Schott

原产地：巴西、委内瑞拉

其种名源于德国自然科学家亚历山大·冯·洪堡（Alexander von Humboldt），它因为易栽培、繁殖，生性强健且耐性佳，所以已有几十年的栽培历史，很受欢迎。其原生种喜较强的光照，但应避免暴晒。

2　乳脉千年芋

C. lindenii（André）Madison‘Magnificum’

原产地：哥伦比亚、巴拿马

原为黄肉芋属（*Xanthosoma*），现为五彩芋属，其种名源于比利时植物学家让·朱尔斯·林登（Jean Jules Linden），栽培容易且耐阴，适合室内栽培。

1　白雪彩叶芋

Caladium‘Candidum’

本品种栽培历史悠久，至今仍作为观叶植物销售流通。

2　卡洛琳沃顿花叶芋

Caladium‘Carolyn Whorton’

3　冰火彩叶芋

Caladium‘Fire & Ice’

4　泰美人彩叶芋

Caladium‘Thai Beauty’

本品种是泰国在十几年前育成的品种，很受欢迎，流行至今。

1　福利达花叶芋
Caladium‘Freida Hemple’

2　雷斯沃顿五彩芋
Caladium‘Lace Whorton’

3　粉红美人五彩芋
Caladium‘Pink Beauty’

4　乔伊纳五彩芋
Caladium‘Postman Joyner’

鞭藤芋属 /*Cercestis*

属名源于希腊语 Cercestes，指埃及国王埃古普托斯（Aegyptus）的儿子。鞭藤芋属约有 10 个种，分布于非洲。该属植物的叶片为披针形或心形，有些品种的植株长大后叶形会改变。该属植物易栽培且耐阴，但需栽培于光源稳定的地方。

纲纹芋（非洲面具）

Cercestis mirabilis（N.E.Br.）Bogner

原产地：肯尼亚、加蓬、乌干达、喀麦隆、安哥拉

纲纹芋幼株的叶片为心形，形状似五彩芋，绿色的叶面上有着醒目的白色斑纹。植株长大后的叶片巨大，并呈裂叶状，斑纹消失，纯绿色。随株龄增长，植株会长出走茎，接触土壤后会长出小植株。

曲籽芋属 /*Cyrtosperma*

属名源于希腊语 kurto(弯曲的) 和 sperma(种子),指该属植物的种子呈弯曲状。曲籽芋属约有 12 个种,分布于亚洲和非洲，生长在热带雨林河畔的湿地中。其特征为具有短的地下根茎；叶片为箭形，叶柄被覆刺状或锯齿状物；花序细长，长度超过 20 厘米。该属植物常以分株方式繁殖。

约翰曲籽芋

Cyrtosperma johnstonii（N.E.Br.）N.E.Br.

原产地：所罗门群岛、新几内亚岛

约翰曲籽芋在泰国的栽培历史已有几十年，很受欢迎。常作为挺水植物，喜强光，不耐寒。

黛粉芋属 /*Dieffenbachia*

属名源于维也纳植物园植物学家约瑟夫·迪芬巴赫（Joseph Dieffenbach）。该属约有 56 个种，主要分布于中美洲。黛粉芋属植物为中型多年生，具有明显的茎节；单叶互生，叶片先端尖锐，并有不同的斑纹。随株龄增加，老叶脱落，叶片仅着生于茎的近先端部位。植株汁液中含有不溶性的草酸钙，有毒，如果误食会有口腔刺激、声带麻痹等症状，无法说话，所以有“哑蔗”的别称。

黛粉芋属植物很适合作为观叶植物栽培，不论在室外还是室内，均能生长良好，喜散射光、耐阴，能在弱光的环境中生长。以前很受消费者欢迎，现在花市上能见到的只有几个品种。

革叶万年青（大叶发财树）

Dieffenbachia daguensis Engl.

原产地：北美洲和南美洲的热带地区

泰国自古以来就有栽培，被称为南帕雅洪沙瓦底（Nang Phaya Hong Sawadee），源于缅甸语，意为女巫，相传种植该植物的人如果听到凄厉的声音会有不幸的事情发生，但现在的花市上已经十分少见。

1　黛粉芋（大王万年青）

D. seguine（Jacq.）Schott

原产地：北美洲和南美洲的热带地区

原名为 *D.maculatum*，其特征为植株可高达 2 米，叶片具有零星的白色斑块或斑纹，并且分布与样式多变，叶基钝或尖，叶柄长度较叶面短，绿色的叶柄或具有零星的白色斑点。

2　白斑黛粉芋

D. seguine‘Nobilis’

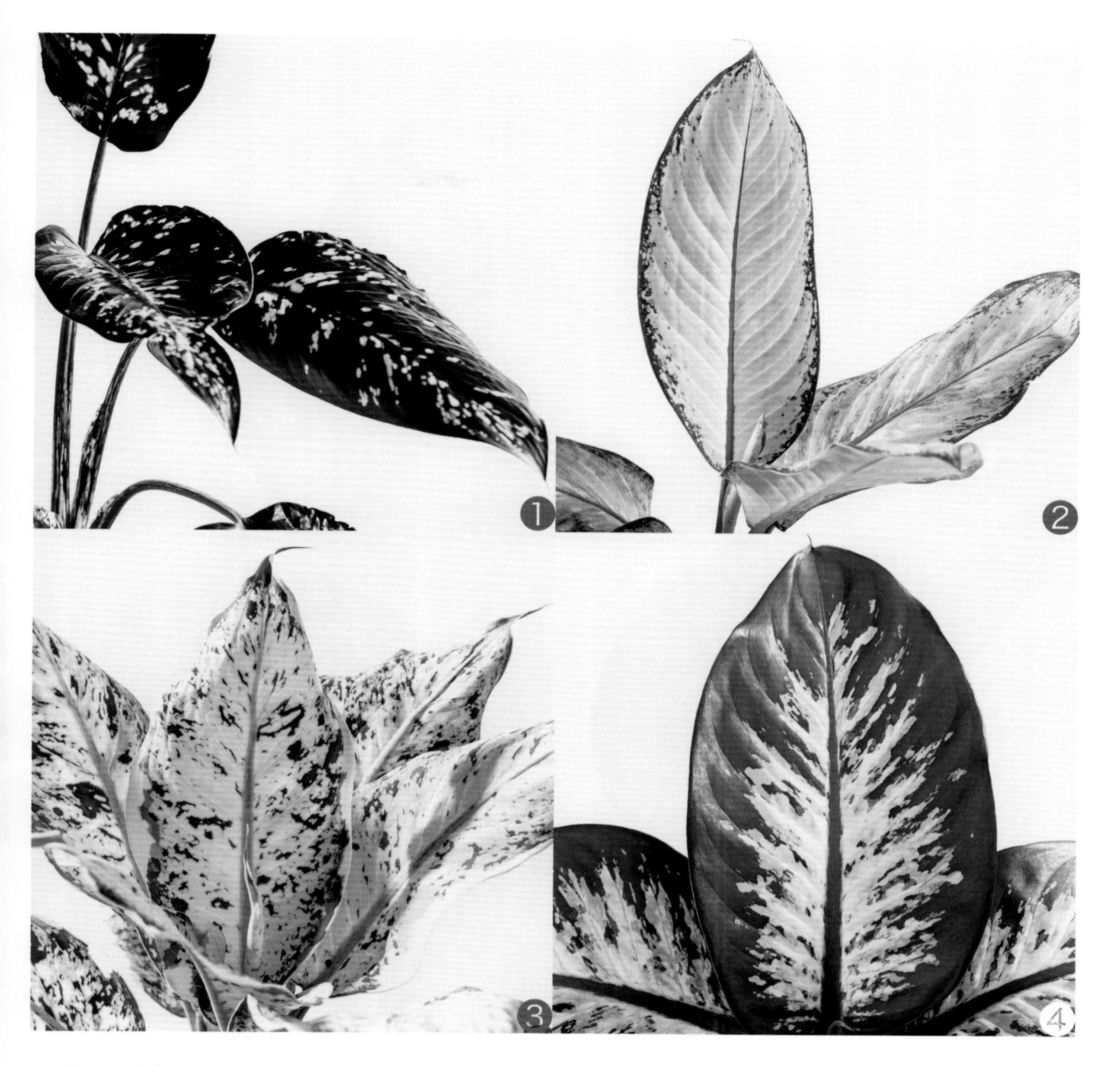

1　壮丽黛粉芋

D. fournier N.E.Br.

原产地：哥伦比亚

2　乳斑黛粉芋

D. seguine‘Rudolph Roehrs’

3　绿雪黛粉芋（蔓玉万年青）

D. seguine‘Superba’

4　夏雪黛粉芋（马王万年青）

D. seguine‘Tropic Snow’

白脉黛粉芋

D. seguine

原名为 *D.barraquiniana*，是很受欢迎、广为栽培的观叶植物，被认为有助于增加运势。

1　银道黛粉芋
D. seguine‘Wilson's Delight’

2　绿霸王黛粉芋
Dieffenbachia‘Big Ben’

3　绿玉黛粉芋
Dieffenbachia‘Tropic Marianne’

1　黛粉芋杂交种

Dieffenbachia hybrid

2　美斑黛粉芋

Dieffenbachia‘Arvida’

本品种植株茎部节间短，株型矮小，不会徒长，有些资料中称其为 *Dieffenbachia*‘Exotica’。

3　黛粉芋杂交种

Dieffenbachia hybrid

1~4　黛粉芋杂交种

Dieffenbachia hybrid

有很多品种，常被卖家取吉祥的新名字，以增加销售量，如波罗蜜、亿万富翁、百万富翁等，寓意增加运势。

5　尼米特黛粉芋

Dieffenbachia seguine‘Aurora’

斑叶，有的叶片绿色多、白色少，或者白色多、绿色少，是黛粉芋中的常见品种，但又比较独特。

6　龙鳞黛粉芋

Dieffenbachia‘Dragon Scale’

突变种，亲本未知。其特征为叶片背面有皱褶或粗糙的突起，特别是靠近叶脉的区域。

麒麟叶属 /*Epipremnum*

属名源于希腊语 epi（在上面）及 premnon（树干），指该属植物能攀附向上生长。麒麟叶属植物分布于东南亚和太平洋岛屿，共有 15 个种，为蔓生植物或附生植物，幼叶与成龄叶片的形状不同，并且攀附生长的叶片会较未攀附的大。该属植物因为生性强健，在室内、室外均可栽种，所以在泰国很受欢迎，易通过扦插方式繁殖。

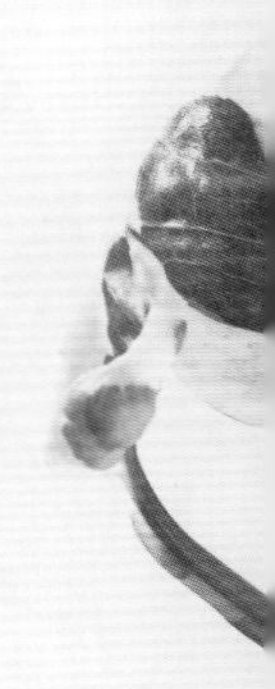

绿萝（阳光黄金葛）
Epipremnum aureum（Linden & André）Bunting
原产地：法属波利尼西亚
原被归类为石柑属（*Pothos*），分布于中国、孟加拉国、尼泊尔、巴基斯坦、印度、斯里兰卡及澳大利亚等地区。绿萝的茎部蔓生于地面或攀附于高大的乔木，可长达 15 米，节间明显，叶片为心形、深绿色。当植株攀附于乔木或墙壁时，叶片会变大，叶形也会改变，叶缘全缘或呈羽裂状，别称有魔鬼藤、黄金藤、绿萝吊兰等。

绿萝常作为观叶植物在室内栽培，可种植于花瓶及盆器内，有的人甚至会栽培于玻璃缸内或鱼池中，以帮助吸收水中的亚硝酸盐及废物。目前有许多突变种，如斑点、黄金叶色、白斑、卷叶等，是世界各地流行的观叶植物。要注意别让家中的宠物误食，因为绿萝的汁液中含有草酸钙，会引起刺痛、发炎、呕吐等症状。

喜悦绿萝

Epipremnum aureum‘N'Joy’

1　雪花葛

E. aureum‘Marble Queen’

2　绿萝

E. aureum

3　霓虹葛

E. aureum‘Neon’

小丑绿萝

E.aureum ‘Shangri-La’

千年健属 /*Homalomena*

属名源自希腊语 homalos（扁平的）及 mena（针），指该属植物的雄蕊尖锐、细长。千年健属有超过 120 个种，分布于南亚和拉丁美洲一带。南亚的泰米尔人用其入药已有数千年的历史。该属中的许多种被认为有助于提高人缘，可获得大家的喜爱与帮助。

千年健属植物为低矮的亚灌木，具有短短的地下根茎；叶片为卵形、心形或箭形，光滑或被覆毛状物，有些种具有斑纹；叶柄或短或长；雌雄异花同株，闻起来有一种八角味；果实为白色、绿色、棕色或紫红色。该属中大多数植物，喜散射光、耐阴，在潮湿的环境下能生长良好，有许多种能水培，在水中不会腐烂死亡，适合在低光照环境中作为观叶植物栽培。该属植物常以分株方式繁殖。

目前，一些原产于南美洲的品种，从千年健属归入刺团芋属（*Adelonema* 属）。

毛柄南美千年健

Homalomena crinipes Engl.

原产地：南美洲西部，自厄瓜多尔、秘鲁至玻利维亚

现已归入刺团芋属，更名为 Adelonema crinipes（Engl.）S.Y.Wong & Croat。

1　喜光千年健

H.expedita A.Hay & Hersc.

原产地：加里曼丹岛

株高可达 60 厘米，喜潮湿，可栽培于花瓶用于装饰室内环境。

2　林登千年健

H. lindenii（Rodigas）Ridl.

原产地：新几内亚岛

3　心叶春雪芋

H. rubescens（Roxb.）Kunth

原产地：印度、缅甸

4　斑叶春雪芋

H. rubescens（Variegated）

5　阳光宝石春雪芋

Homalomena‘Sunshine Gem’

1　春雪芋

H. wallisii Regel

原产地：委内瑞拉、哥伦比亚、巴拿马

其种名源自植物学家、外科医师纳萨尼尔·瓦立池（Nathaniel Wallich）的名字，因叶片上的斑纹形状又得名为“银盾”。叶背为浅紫红色，但如果栽培于光照较差的地方，叶背则会呈绿色。*H. wallisii* 是在南美洲发现的，现已归入 *Adelonema* 属。

2　春雪芋‘莫罗’

Adelonema wallisii Regal‘Mauro’

原产地：委内瑞拉、哥伦比亚、巴拿马

3　丝绒南美春雪芋

Adelonema‘Selby’

叶片大，形状如同黛粉芋属（*Dieffenbachia* spp.）植物。

注：以上 1~3 现已归入 *Adelonema* 属。

龟背竹属 /*Monstera*

属名源自拉丁语 monstrum，意思是奇怪的、不正常的，指该属植物的叶片相较于一般植物看起来很不一样。龟背竹属约有 47 个种，分布于北美洲和南美洲热带地区。该属为蔓生植物，幼叶与成龄叶的形状不同，幼叶全缘，但成龄叶呈羽裂状或具有孔洞，与天南星科的许多属相似，如藤芋属（*Scindapsus*）、崖角藤属（*Rhaphidophora*）及石柑属（*Pothos*）等。该属植物的特征为花序的肉穗短，两性花，栽培容易，生性强健，适合作为室内观叶植物。也有人种植于室外，让其附于立柱或乔木上生长。该属植物以枝条扦插方式繁殖。

孔叶龟背竹

Monstera adansonii Schott

原产地：南美洲北部

孔叶龟背竹的叶片形状多样，会被误认为是斜叶龟背竹，但它的叶片更薄、凹陷得更深。

1　龟背竹

M. deliciosa Liebm.

原产地：墨西哥南部、巴拿马

龟背竹植株幼龄时的叶片为心形，但成龄时呈羽状裂叶，并且叶面会有零星的穿孔，如同奶酪上的孔洞。该植物生长于海拔 1500~2100 米的地区，是生性十分强健的观叶植物，其叶片非常适合切下后扦插于花瓶中，用于点缀室内环境，所以龟背竹在世界各地都很受欢迎。除了一般的叶片为全绿的品种外，也有黄斑及白斑的变异品种。

2　黄斑龟背竹

M. deliciosa（Variegated）

3　白斑龟背竹

M. deliciosa（Variegated）

1　穿孔龟背竹

M. punctulata（Schott）Schott ex Engl.

原产地：墨西哥

穿孔龟背竹生长速度缓慢，栽培时需要散射光和较高的空气相对湿度。

2　斑叶秘鲁龟背竹

Monstera sp.‘Karstenianum’（Variegated）

3　秘鲁龟背竹

Monstera sp.‘Karstenianum’

原产地：委内瑞拉

一般大家所熟知的名称为 *M. karstenianum*，但这并非正式的学名，国外称其为 *Monstera* sp. 或 *Monstera* sp.‘Peru’或“大理石星球”，推测应该是属于羽裂龟背竹 *M. pinnatipartita* 的一个品种。

4　翼叶龟背竹

M. standleyana G.S.Bunting

原产地：哥斯达黎加、巴拿马、尼加拉瓜、洪都拉斯

翼叶龟背竹的茎为蔓性，可长达 4~5 米，常以吊盆栽培，让枝条呈下垂的姿态。

5　斑叶翼叶龟背竹

M. standleyana（Variegated）

喜林芋属 /*Philodendron*

属名源自希腊语 phileo（爱）和 dendten（树），指该属植物喜依附大树生长。喜林芋属有超过 450 个种，分布于南美洲。该属植物有丛生与攀附树木生长 2 种形态；叶片形状多样，有单叶全缘，也有羽状裂叶，而且幼龄时期与成龄时期的叶片形态不一样该属植物常被统称为蔓绿绒。

喜林芋属植物有多样化的叶片，成为许多世界著名艺术家的创作灵感来源，如亨利 · 马蒂斯（Henri Matisse）和罗伯托 · 布雷 · 马克思（Roberto Burle Marx），他们在艺术作品中取用喜林芋的叶片，这让 20 世纪的设计师开始觉得喜林芋非常适合应用于现代化的场合。除此之外，喜林芋也反映出了美国在第二次世界大战之后对国家、文化及性别认同的变化。

喜林芋属植物的特征为汁液含有草酸钙，闻起来具有特殊的味道，如果不小心误食，会出现口腔、喉咙疼痛和呼吸困难的症状，但加勒比海地区和拉丁美洲的居民则将其作为药用植物使用。亚马孙河流域的卡拉哈人（Karajá）会取喜林芋的藤蔓作为头饰中用来固定羽毛的基座。

喜林芋属植物可以很好地适应泰国的气候，并能生长良好，所以无论是普通品种还是稀有品种，在室内皆可栽培且易于养护。该属植物常以扦插或分株方式繁殖。

平柄蔓绿绒

Philodendron applanatum G.M.Barroso

原产地：秘鲁、巴西、哥伦比亚

1 橙柄蔓绿绒（橘柄蔓绿绒）

P. billietiae Croat

原产地：法属圭亚那、巴西

其种名源自比利时梅瑟植物园的植物学家 Frieda Billiet 的名字，1981 年他在法属圭亚那采集到该植物。橙柄蔓绿绒分布于海拔 100～400 米的少数地区，成龄植株的叶片可长达 1 米，生性强健，作为室内观叶植物栽培容易。该植物常以扦插方式繁殖。

2 斑叶橙柄蔓绿绒

P. billietiae（Variegated）

3 阿塔巴波蔓绿绒

Philodendron atabapoense G.S.Bunting

原产地：巴西、委内瑞拉

30 多年前 Surath Vanno 将该植物引入泰国。其形状与橙柄蔓绿绒的突变株褐柄蔓绿绒相似，但阿塔巴波蔓绿绒的叶片较为柔软。

1　春羽（羽裂蔓绿绒）

P. bipinnatifidum Schott ex Endl.

原产地：巴西

2　春羽（大天使蔓绿绒）

P.bipinnatifidum‘Super Atom’

3　美让蔓绿绒

P. bipinnatifidum（Variegated）

4　斑叶蔓绿绒

P. bipinnatifidum（Variegated）

斑叶蔓绿绒有多个品种，如焦糖大理石蔓绿绒、火之戒蔓绿绒等。

5　亮叶蔓绿绒

P. burle-marxii G.M.Barroso

原产地：巴西

该植物以巴西景观设计师 Roberto Burle Marx 的名字命名。

6　斑叶亮叶蔓绿绒

P. burle-marxii（Variegated）

裂叶蔓绿绒

P. bipennifolium Schott

原产地：巴西、法属圭亚那、哥伦比亚、厄瓜多尔、委内瑞拉、秘鲁

该植物常以 *P.pandurtonne*（中文名也称为琴叶蔓绿绒）的名字出售。裂叶蔓丝绒的叶片形态多样，是易养护的蔓生喜林芋属植物。若用盆器栽培，可在盆中央插 1 根支柱供其攀附生长。

1　孔多尔坎基蔓绿绒

P. condorcanquense Croat

原产地：秘鲁

2　紫背喜林芋

P. cruentum Poepp.

原产地：秘鲁

3　斑叶紫背喜林芋

P.cruentum（Variegated）

4　红苞蔓绿绒

P. erubescens K.Koch &Augustin ‘Light of Zartha’

5　黄金锄叶蔓绿绒（金锄蔓绿绒）

P. erubescens ‘Lemon Lime’

黄金锄叶蔓绿绒在泰国的栽培历史悠久，并且有很多品种名，如 Ceylon Golden、Gold 及 Golden Emerald 等。

6　斑叶黄金锄叶蔓绿绒（斑叶金锄蔓绿绒）

P.erubescens（Variegated）

7　艾斯梅拉达蔓绿绒

P. esmeraldense Croat

8　巨叶蔓绿绒

P.giganteum Schott

原产地：多米尼加、波多黎各、特立尼达和多巴哥

9　斑叶巨叶蔓绿绒

P.giganteum（Variegated）

1　鹅掌蔓绿绒

P.goeldii G.M.Barroso

原产地：委内瑞拉、哥伦比亚、苏里南、巴西、秘鲁

现已并入 *Thaumatophyllum* 属。

2　团扇蔓绿绒

P.grazielae G.S.Bunting

原产地：秘鲁、巴西

3　戟叶喜林芋（银剑蔓绿绒）

P. hastatum K.Koch & Sellow

原产地：巴西

4　心叶蔓绿绒

P. hederaceum（Jacq.）Schott var. *oxycardium*（Schott）Croat

原产地：墨西哥

5　斑叶心叶蔓绿绒

P. hederaceum var. *oxycardium*（Variegated）

6　黄金心叶蔓绿绒

P. hederaceum var. *oxycardium*‘Gold’

7　莱曼蔓绿绒

P. lehmannii Engl.

原产地：哥伦比亚

8　奢华蔓绿绒

P. luxurians Croat，D.P.Hannon & R.Kaufmann

原产地：南美洲

9　明脉蔓绿绒

P.melinonii Brongn.ex Regel‘Gold’

1　云绵蔓绿绒

P. mamei André

原产地：厄瓜多尔境内的安第斯山脉

云绵蔓绿绒的叶片很大，上面有银色的斑块，所以又有“银云”之名。叶柄边缘卷曲，像鱼鳍。

2　立叶蔓绿绒

P. martianum Engl.

原产地：巴西

原名为 *P.cannifolium*，见于巴西临大西洋东南沿岸一带的雨林中，攀附于大树或者在地面上生长，成年后植株直径可达 2 米以上，叶片厚、革质，叶序呈莲座状。

3　云斑金龙蔓绿绒

P. minarum Engl.‘Cloud’

在泰国作为观叶植物栽培已有 30 多年的历史，也被称为云纹蔓绿绒。

1　龙爪蔓绿绒（掌叶喜林芋）

P. pedatum（Hook.）Kunth

原产地：玻利维亚、厄瓜多尔、哥伦比亚、圭亚那、苏里南、法属圭亚那、巴西

2　斑叶龙爪蔓绿绒

P. pedatum（Variegated）

本变种为大家所熟知的名字为佛罗里达蔓绿绒。

3　红毛柄蔓绿绒（绒柄蔓绿绒）

P. squamiferum Poepp.

原产地：秘鲁、厄瓜多尔、哥伦比亚、苏里南、委内瑞拉、巴西、法属圭亚那

红毛柄蔓绿绒分布范围广，并且叶形多样，植株依附于大树生长，形状与龙爪蔓绿绒（*P.pedatum*）相似，不同之处在于其叶柄被覆红色刚毛。在 20 世纪 50～60 年代红毛柄蔓绿绒十分受欢迎，现今泰国有生产组织培养苗外销至欧洲。本种喜潮湿，易养护，常以扦插方式繁殖。

1　亨德森骄傲蔓绿绒

P. pinnatifidum（Jacq.）Schott

原产地：委内瑞拉、巴西

2　羽状蔓绿绒

P.mayoi E.G.Gonc.

原产地：墨西哥、哥伦比亚

3　猪皮蔓绿绒

P. rugosum Bogner & G.S.Bunting

原产地：厄瓜多尔

4　猪皮蔓绿绒（变异型）

P. rugosum‘Sow's Ear’

5　蛇行蔓绿绒

P. serpens Hook.f.

原产地：哥伦比亚、厄瓜多尔

6　彩虹蔓绿绒

Philodendron‘Pink Princess’

本品种的来源不详，在泰国作为观叶植物栽培已有30多年。彩虹蔓绿绒的叶斑不太稳定，建议经常修剪顶部，以促生更多具有叶斑的叶片。

圣灵蔓绿绒

P.spiritus-sancti G.S.Bunting

原产地：巴西

本品种曾用名为 *Philodendron*‘Santa Leopoldina’，分布于巴西圣灵州海拔 800 米的地区，为半附生植物，种子成熟后会落至地面，发芽后随着生长会慢慢攀附在大树上以获取光照，是一种极为罕见的蔓绿绒。因其原生地屡遭破坏而濒临灭绝，现野生植株仅剩 6 株，均受到良好的保护。

1　深绿泰特蔓绿绒

P. tatei K.Krause subsp.*melanochlorum*（G.S.Bunting）G.S.Bunting

原产地：秘鲁、委内瑞拉

在市面上被称为绿刚果蔓绿绒（*Philodendron*‘Green Congo’）。

2　红刚果蔓绿绒

Philodendron‘Rojo Congo’

本品种是由 *P.tatei* 与红帝王蔓绿绒（*Philodendron*‘Imperial Red’）杂交育成。

3　斑叶红刚果蔓绿绒

Philodendron‘Rojo Congo’（Variegated）

4　铂金蔓绿绒 / 白线蔓绿绒

Philodendron‘Birkin’

本品种是几年前在泰国进行刚果蔓绿绒组织培养过程中发现的突变种。

1　天鹅蔓绿绒

P.warszewiczii K.Koch & C.D.Bouché

原产地：墨西哥、洪都拉斯、危地马拉、尼加拉瓜

在自然界中，本种生长在干燥常绿森林中，或在海拔300~1900米的大树上攀附生长。如果空气相对湿度低，叶片会脱落，仅留存根茎，降雨时再萌发新芽。

2　鱼骨蔓绿绒

P. tortum M.L.Soares & Mayo

原产地：巴西

有时会被误认是细裂蔓绿绒（*P.elegans*）。

1　鸟巢蔓绿绒

P. wendlandii Schott

原产地：中美洲

2　大波叶蔓绿绒

P. williamsii Hook.f.

原产地：中美洲

3　三裂喜林芋

P. tripartitum（Jacq.）Schott

原产地：墨西哥、哥斯达黎加、巴拿马、巴西、厄瓜多尔

4　刺柄蔓绿绒（腿毛蔓绿绒）

P. verrucosum L.Mathieu ex Schott

原产地：巴拿马、哥斯达黎加、秘鲁、厄瓜多尔、哥伦比亚

其种名是指叶柄上的毛状物。刺柄蔓绿绒分布于海拔 50~2000 米的森林中，但主要见于海拔约 500 米的范围内，一般攀附大树上生长以获取光照。栽培时可以立支柱让其攀附生长，或采用吊盆栽培。

1　仙羽蔓绿绒（奥利多蔓绿绒、小天使鹅掌芋）

P. xanadu Croat，Mayo & J.Boos

原产地：巴西

许多人认为仙羽蔓绿绒是1983年在澳大利亚西部的一个种苗场中被发现的，有人认为它是春羽（*P.bipinnatifidum*）在自然界中产生的天然杂交代。

仙羽蔓绿绒有许多商品名，有些名称在其他国家是注册受品种保护的，如 *Philodendron*‘Showboat’和 *Philodendron*‘Aussie’。

后来经研究发现仙羽蔓绿绒并非羽裂蔓绿绒的杂交代，而是从巴西森林中采集的野生种子，在2002年才被定为喜林芋属的新品种，并以其原本的商品名作为种名。本品种因为有特殊的叶形、植株形态，生性强健且适合作为室内观叶植物，所以很受欢迎。该植物常以组织培养进行繁殖，以便在短时间内获得大量的植株。

2　黄金仙拿度奇蔓绿绒（黄金仙羽蔓绿绒）

P. xanadu‘Golden’

1　浅裂蔓绿绒

Philodendron × *evansii*

浅裂蔓绿绒是由 Evans and Reeves Nursery 将春羽（*P. bipinnatifidum*）与大果蔓绿绒（*P.speciosum*）杂交育成，于 1952 年进入市场，曾经是很流行的大型蔓绿绒品种，但如今已很少见。

2　安杰拉蔓绿绒

Philodendron‘Angela’

本品种是由鹅掌蔓绿绒（*P.goeldi*）与大波叶蔓绿绒（*P.williamsii*）杂交育成。

3　黑主教蔓绿绒

Philodendron‘Black Cardinal’

4　斑叶黑主教蔓绿绒

Philodendron‘Black Cardinal’（Variegated）

5　华丽蔓绿绒

Philodendron‘Chokko’

6　厄瓜多尔蔓绿绒

Philodendron sp.‘Ecuador’

原产地：厄瓜多尔

螳螂腿蔓绿绒

Philodendron sp.‘Joepii’

原产地：法属圭亚那

螳螂腿蔓绿绒十分少见，与其他喜林芋属植物不同的是其叶片基部内凹呈不规则波浪状，像被昆虫啃食过。螳螂腿蔓绿绒是由荷兰博物学家乔普·穆南（Joep Moonen）发现的，当时只发现了 2 株，由于其植株形状和在巴西罗伯托·布雷·马克思（Roberto Burle Marx）的花园中种植的裂叶蔓绿绒（*P.bipennifolium*）与龙爪蔓绿绒（*P.pedatum*）的天然杂交代十分相似，而被认为是野外自然产生的杂交种，但实际上尚未被确认。

1　金帝王蔓绿绒

Philodendron‘Imperial Gold’

2　秘鲁蔓绿绒

Philodendron sp.‘Peru’

原产地：秘鲁

3　坎普蔓绿绒

Philodendron‘Lynette’

本品种为 *P. wendlandii*（鸟巢蔓绿绒）和 *P. elaphoglglossoides* 的杂交种。

4　月光蔓绿绒

Philodendron‘Moonlight’

5　杂交蔓绿绒

Philodendron hybrid

本杂交蔓绿绒源自泰国。

6　杂交蔓绿绒

Philodendron hybrid

本杂交蔓绿绒源自泰国，由亨德森骄傲蔓绿绒（*P.pinnatifidum*）与月光蔓绿绒（*Philodendron*‘Moonlight’）杂交，并从子代中选出 2 个斑叶个体来繁殖，一个个体的叶斑较不明显，而另一个个体的叶斑十分醒目。

7　杂交蔓绿绒

Philodendron hybrid

8　杂交矮性蔓绿绒

Philodendron hybrid（Dwarf）

9　杂交斑叶矮性蔓绿绒

Philodendron hybrid（Variegated）

崖角藤属 /*Rhaphidophora*

属名源自希腊语 raphis [针，指毛状石细胞（Trichosclereids）中的针状草酸钙结晶] 和 phora（具有、带有），合在一起指该属植物细胞内具有针状结晶。崖角藤属约有 100 个种，分布于东南亚，是大型蔓生植物，茎部节间处易长出气生根。幼龄植物叶片为心形或椭圆形，成龄后叶片会有明显的转变，有些会具有孔洞，有些则为裂片状。其喜散射光，十分耐阴，在栽培时，常让崖角藤属植物攀附于木板、墙壁、大树，或者栽种于生态玻璃容器内观赏。该属植物常以枝条扦插方式繁殖。

有孔崖角藤

Rhaphidophora foraminifera（Engl.）Engl.

原产地：马来西亚、加里曼丹岛、苏门答腊岛

1　四子崖角藤（姬龟背）

R. tetrasperma Hook.f.

原产地：泰国、马来西亚

2~3　暹罗崖角藤

Rhaphidophora sp.‘Siam Monster’

4　异种崖角藤

Rhaphidophora sp.‘Exotica’

5　未名崖角藤

Rhaphidophora sp.

6　斑叶崖角藤

Rhaphidophora sp.（Variegated）

原产地：菲律宾

7　蜘蛛崖角藤

Rhaphidophora sp.‘Spider’

1　银脉崖角藤

R. cryptantha P.C.Boyce & C.M.Allen

原产地：巴布亚新几内亚

2　显脉崖角藤

R. korthalsii Schott

原产地：加里曼丹岛

3~4　未名崖角藤

Rhaphidophora sp.

藤芋属 /*Scindapsus*

属名源自希腊语 skindapsos，意为树上，指该属植物喜攀附于大树生长。藤芋属目前有超过 35 个种，分布于东南亚至澳大利亚一带，为蔓生植物。其特征为气生根自蔓生茎上长出，可协助植株攀附生长；叶片为心形，左右互生于同一平面。

藤芋属植物在泰国很受欢迎，它们生性强健，喜散射光，易养护，可栽种于吊盆，也可让其攀附于潮湿冷凉的墙壁生长。该属植物常以枝条扦插方式繁殖。

星点藤

Scindapsus pictus Hassk.‘Argyraeus’

原产地：马来西亚、印度尼西亚

本品种的特征为叶片具有绒质感，带有银白色的斑纹且斑纹多变，小至斑点状，大至布满叶面，所以其英文常被称为 Satin Pothos。

1　绿银藤芋
Scindapsus‘Exotica’

2　未名藤芋
Scindapsus sp.

白鹤芋属 /*Spathiphyllum*

属名源自希腊语 spathe（佛焰苞）和 phyllon（叶片），指该属植物的叶片形状似汤匙。白鹤芋属约有 40 个种，分布于北美洲和南亚的热带地区，植物为多年生草本，具有地上短缩茎及地下根茎；单叶互生，叶片呈环绕茎干的姿态；花序着生于叶腋处，具有显眼的白色佛焰苞环绕于肉穗外，并且具有类似雌性黑腹果蝇信息素的气味，所以能吸引果蝇，若在果园中种植该属植物来吸引果蝇，可避免果蝇去叮咬果实。

1870 年，欧洲开始引进白鹤芋属植物作为观叶植物培育，并且育成许多形状不同的品种，很受欢迎。白鹤芋属植物生性强健，冬季不会休眠，喜散射光，忌强光直射，在室内、室外均可栽培，注意栽培介质应常保持湿润。

绿巨人白鹤芋

Spathiphyllum‘Mauna Loa Supreme’

1　白银白鹤芋

Spathiphyllum‘White Silver’

2　杂交白鹤芋

Spathiphyllum hybrid

合果芋属 /*Syngonium*

属名源自希腊语 syn（聚合、联合）和 gone（子房、子宫），指该属植物的房壁联合在一起。合果芋属有超过 35 个种，为蔓生植物，幼龄时叶片为心形，有些品种成龄的叶片为单叶，有些品种为掌状复叶，叶柄长；花序着生于叶腋处，有乳白色或白绿色的佛焰苞环绕于肉穗外，植株可攀附于树木或墙壁生长，成龄的植株才会开花。

合果芋属作为观叶植物栽培，非常容易，可栽种于盆器中，让植株攀附于大树自行生长，也可将其放置于花瓶中进行水培。此外，除非植株已生长茁壮，叶片变厚，能耐光照，否则应忌暴晒，以免发生烧叶现象。

合果芋

Syngonium podophyllum Schott

原产地：中美洲、南美洲

合果芋为合果芋属中第一个被作为观叶植物栽培的种。幼龄植株的叶片为心形，当其攀附于大树生长至成龄阶段时，会变为掌状复叶，叶长可超过 30 厘米，能耐暴晒。

1 长耳合果芋

S.auritum（L.）Schott

原产地：古巴、牙买加

2 红叶合果芋

S.erythrophyllum Birdsey ex G.S.Bunting

原产地：巴拿马

3 霜心合果芋

S.macrophyllum Engl.‘Frosted Heart’

原产地：墨西哥、厄瓜多尔

4 美纹合果芋

S.podophyllum‘Glo Go’

1 红妆合果芋

S.podophyllum ‘Confetti’

2 翠绿合果芋

S.podophyllum ‘Emerald Gem’

3 粉玉合果芋

S.podophyllum ‘Pink Allusion’

4 炮弹休克合果芋

S.podophyllum ‘Shell Shocked’

5 绒叶合果芋

S.wendlandii Schott

其种名源自德国植物学家赫尔曼·文德兰（Hermann Wendland）的名字。

6 斑叶绒叶合果芋

S.wendlandii（Variegated）

雪铁芋属 /*Zamioculcas*

属名指该属植物外观与泽米铁属（*Zamia*）植物相似。原本雪铁芋属植物被归类在五彩芋属（*Caladium*）中，后来才独立为 1 个新的属。该属仅有雪铁芋（*Z.zamiifolia*）一个种，分布于非洲东部及南部，如肯尼亚、南非。雪铁芋属植物全株肉质、厚实，植株长大时呈丛生状，具有贮藏养分的地下块茎。羽状复叶，小叶为卵形、深绿色，与红棕色的叶轴形成鲜明对比。此外，也有叶片为黑色、带有斑纹的变异种。

2014 年，哥本哈根大学环境科学学院研究发现雪铁芋能有效清除挥发性有机物。此外，马拉维和坦桑尼亚的当地居民会取用其叶片汁液治疗耳痛。

雪铁芋作为观叶植物栽培已有数十年的历史，但是早期并未广泛流行，直到 1996 年荷兰开始大量繁殖、销售，全世界才开始认识该植物。雪铁芋生性强健，易养护，可适应多种栽培方式，如作为盆栽植物放置于弱光的大楼中，或者将叶片切下插于花瓶中观赏，以取代土培，而且水培一定时间后，位于水下的叶轴基部会长出新根系而成为新的植株。

斑叶雪铁芋

Zamioculcas zamiifolia Engl.（Variegated）

1　矮性雪铁芋

Z. zamiifolia（Dwarf）

2　黑叶雪铁芋

Z. zamiifolia

3　源自莫桑比克的雪铁芋

Z.zamiifolia

由 Andres J.Lindstrom 采得样本并置于东芭热带植物园（Nong Nooch Tropical Garden）中养护。与其他雪铁芋的不同之处在于其叶片较长，并且叶脉颜色较浅而明显可见。

爵床科
Acanthaceae

爵床科为双子叶植物，有超过 250 个属、2500 多个种，几乎都原生于热带地区，仅有少数几个种分布于温带地区。本科植物大多数为灌木或草本；单叶对生，叶片薄，叶缘全缘；花朵单生或丛生为花序，有些植物有具观赏价值的苞片。

爵床科中有许多广为人知的植物，如芦莉草（*Ruellia tuberosa*）、小花老鼠簕（*Acanthus ebracteatus*）。有些植物具有药用价值，可作为草药治疗哮喘或类风湿性关节炎；也有许多可作为观叶植物，如宽叶十万错（*Asystasia gangetica*，又名赤道樱草）、锦彩叶木（*Graptophyllum pictum*）、紫叶半柱花（*Hemigraphis alternata*）及网纹草（*Fittonia albivenis*）等。本科植物对光照的要求有需强光的，也有需散射光的，以扦插或播种方式繁殖。

网纹草属 /*Fittonia*

属名是为纪念 Elizabeth Fitton 及 Sarah Mary Fitton 两姐妹，英文俗名为 Nerve Plant 或 Mosaic Plant，因为其叶脉明显，看起来像是神经网络（Nerve），使叶片似马赛克（Mosaic）。该属仅有 2 个种，即网纹草（*F. albivenis*）与大网纹草（*F. gigantea*），均分布于南美洲。网纹草属植物已育成许多叶色不一样的品种，如粉红色、白色等，常作为观叶植物栽培。该属植物喜明亮的散射光，如果光照不足叶色会不鲜艳，严重时会导致植株死亡。网纹草属植物喜欢潮湿但排水良好的栽培介质，忌积水，以枝条扦插方式繁殖。

网纹草

Fittonia albivenis（Lindl. ex Veitch）Brummitt

原产地：南美洲

五加科
Araliaceae

五加科有 52 个属、700 多个种，分布于全世界。本科有乔木、灌木及藤本植物，有些植物具有刺或毛被覆于茎部及叶片；单叶、羽状复叶及掌状复叶；圆锥花序、伞形花序及穗状花序，两性花，子房为下位或半下位。五加科中常见的观叶植物有常春藤属（*Hedera*）、南洋参属（*Polyscias*）、兰屿加属（*Osmoxylon*）及南鹅掌柴属（*Schefflera*）等。

常春藤属 /*Hedera*

属名即该属植物的拉丁语名称，其英文俗名为 Ivy。常春藤属约有 17 个种，分布于欧洲、非洲西北部、亚洲中部。该属植物为藤本，茎部会长出气生根以攀附在大树或建筑物上；单叶，叶片为绿色、心形，叶脉明显可见，叶缘具有缺刻。

常春藤属植物是非常受欢迎的观叶植物，经过杂交育种，已育成许多具有不同美丽斑纹的品种，可在室外或室内栽培。有些人会让其攀附墙壁生长，或栽种于吊盆中点缀室内环境，考虑光照环境可置于面向北方和东方的位置。常春藤属植物在冷凉环境中生长较佳，喜上午的半日照、排水良好的土壤，忌过湿、积水，但也应避免栽培介质过于干燥，否则根系易干枯。该属植物以枝条扦插方式繁殖。

1　常春藤（洋常春藤）

Hedera helix L.

原产地：欧洲

其种名意为旋转或卷，指该植物的藤蔓会攀附于不同材质的表面，以前英国人称其为 Lovestone 或 Bindwood。常春藤是最早被欧洲人用来布置室内环境的观叶植物之一，在 19 世纪很受欢迎，世界各国的栽培家更是选育出 30 多种斑叶品种。常春藤易养护，在冷凉环境中生长良好，在美国、澳大利亚及新西兰的某些地区被视为杂草植物。

2　斑叶常春藤

H. helix（Variegated）

2

南洋参属 /*Polyscias*

属名源自希腊语 poly（多）和 skias（阴影），指该属植物的树冠像伞那样遮阴，而主伞冠由许多小伞冠组成。南洋参属有 150 多个种，广泛分布于热带及亚热带地区，包括东南亚、北美洲、南美洲及部分欧洲国家，主要分布于太平洋诸岛。该属植物为多年生，茎干笔直且分枝众多，茎节明显、节间短；羽状复叶或掌状复叶，互生，小叶形状多变，有线形、长椭圆形、椭圆形、卵形，叶缘有全缘、波浪或锯齿状，并且常呈尖锐状；花序为圆锥花序或伞形花序，花朵小，两性花；果实为核果。

南洋参属植物十分适合用于布置室内环境，作为观叶植物栽培已有非常悠久的历史，有些品种可食，可作为蔬菜裹糊油炸，只是许多品种已十分难寻。该属植物常以枝条扦插方式繁殖。

线叶南洋参

Polyscias filicifolia（C.Moore ex E.Fourn.）L.H.Bailey

原产地：西太平洋群岛

该植物栽种于遮阴处时，叶片为深绿色，如果栽种于全日照环境下，叶片则呈现出金黄色。

1　雅致南洋参

P.fruticosa‘Elegans’

2　雪花南洋参

P. fruticosa‘Snowflake’

3　南洋参（羽叶南洋参、裂叶南洋参）

P. fruticosa（L.）Harms

原产地：东太平洋群岛

该植物可作为蔬菜，蘸辣椒酱或裹糊油炸食用。

1　皱叶南洋参（卷叶南洋参）
P.guilfoylei（W.Bull）L.H.Bailey‘Crispa’
原产地：欧洲、美国
本品种的特征是叶片为深绿色、有皱褶且卷曲，生长缓慢。

2　芹叶南洋参
P.guilfoylei‘Quinquefolia’
原产地：太平洋诸岛

3　雪花南洋参
P.guilfoylei‘Quinquefolia’（Variegated）
本品种是 50~60 年前泰国思理旺公园的园主 Sala Chuenchob 培育的突变种，特征为叶缘处具有白斑，植株矮小且生长缓慢。

4　芹叶南洋参斑叶变种
P. guilfoylei‘Quinquefolia’（*Variegated*）

5　矮性雪花南洋参
P.guilfoylei‘Quinquefolia’（Variegated-dwarf）

6　维多利亚福禄桐
P.guilfoylei‘Victoriae’

1　圆叶南洋参

P.scutellaria（Burm.f.）

原产地：太平洋诸岛

2　费边圆叶南洋参

P. scutellaria（Burm.f.）Fosberg‘Fabian’

原产地：太平洋诸岛

3　巴佛里圆叶南洋参

P. scutellaria‘Balfourii’

原产地：新喀里多尼亚

4　巴佛里圆叶南洋参

P. scutellaria‘Balfourii’

5　镶边南洋参

P. scutellaria‘Marginata’

原产地：新喀里多尼亚

6　黄斑南洋参

P. scutellaria‘Pennockii’

原产地：太平洋诸岛

1　复叶南洋森

P. paniculata（DC.）Baker

本种的特征是叶片为羽状复叶，由 5~7 片小叶组成，小叶细长且尖，像玫瑰的叶片。

2　掌叶南洋参

Polyscias‘Quercifolia’

3　南洋参（矮性密叶南洋参、迷你南洋参）

Polyscias sp.‘Dwarf-compact’

兰屿加属 /*Osmoxylon*

属名源自希腊语 osme（气味）和 xylon（木），指该属植物的叶片及茎具有特殊的气味。兰屿加属有 60 多个种，分布于东南亚一带。该属植物为小乔木或灌木，掌状复叶，伞形花序着生于植株先端。兰屿加属植物鲜为人知，但其喜散射光，生长缓慢，适合作为室内观叶植物养护。该属植物以枝条扦插和分株方式繁殖。

五爪木

Osmoxylon lineare（Merr.）Philipson

原产地：菲律宾吕宋岛

南鹅掌柴属 /*Schefflera*

属名源自德国植物学家 Johann Peter Ernst von Scheffler 的名字。该属约有 600 个种，分布于热带地区。南鹅掌柴属为灌木或小乔木，掌状复叶，有小叶 5~7 片，小叶形状有椭圆形、长椭圆形或卵形，厚如革质，呈绿色或深绿色，叶柄长；花序为总状花序，着生于植株近先端叶腋处，是很受欢迎的观叶植物。其生性耐阴，能栽培于室内环境。该属植物常以枝条扦插或嫁接方式繁殖。

孔雀木

Schefflera elegantissima（Veitch ex Mast.）Lowry & Frodin

原产地：新喀里多尼亚

1　诺娃辐叶鹅掌柴

S. actinophylla ‘Nova’

2　白苞鸭脚木

S. albidobracteata Elmer

原产地：菲律宾

3　辐叶鹅掌柴

S. actinophylla（Endl.）Harms

原产地：澳大利亚、新几内亚岛

本种为乔木，株高可达 12 米，树干上会长出气生根；掌状复叶集中于植株先端，树冠呈伞形，叶片厚，呈绿色；植株长大后才会开花，花序大，呈鲜红色。在很久以前白苞鸭脚木就被用于室外庭院造景和作为室内观叶植物。

1　斑叶鹅掌藤

S.arboricola（Hayata）Merr.（Variegated）

原产地：东南亚

2　黄金鹅掌藤

S.arboricola（Variegated）

3　斑叶矮性鹅掌藤

S.arboricola（Variegated-dwarf）

4　斑叶鹅掌藤突变株

S.arboricola（Variegated-mutate）

1　斯里兰卡鹅掌藤

S. emarginata（Moon）Harms

原产地：斯里兰卡

茎细长、蔓性；小叶为形状各异的心形，不同植株叶片的先端内凹程度不同。

2　广西鹅掌柴

S. leucantha R.Vig.

在泰国的栽培历史悠久，作为草药使用，具有缓解气喘、帮助伤口愈合的功效。能栽培于散射光环境中。

3　斑叶多蕊木

S. pueckleri（K.Koch）Fradin（Variegated）

原产地：南亚、东南亚

4　广叶鹅掌柴

Schefflera sp.'Ipoh'

5　斑叶南鹅掌柴属植物

Schefflera sp.（Variegated）

6　南鹅掌柴属植物

Schefflera sp.

棕榈科
Arecaceae

棕榈科约有 185 个属、2500 多个种，分布于热带和亚热带地区。本科为单子叶植物，茎部有单干型或丛生型；叶片丛生于茎顶，叶形多样，如扇形、鱼尾形、羽状复叶、掌状复叶等；花序着生于植株近先端叶腋处，小花数量非常多，有两性花或单性花，有些种开花结果后植株能继续生长，但有的种则会停止生长并死亡，如贝叶棕（*Corypha umbraculifera*）；有些种的果实中含有草酸钙，接触皮肤会引起刺激、瘙痒，如鱼尾葵属（*Caryota*）。

棕榈科为观叶植物中的大家族之一，有许多属的植物能栽种于盆中作为观赏用，如竹节椰属（*Chamaedorea*）、轴榈属（*Licuala*）、棕竹属（*Rhapis*）等；还有许多植物有美丽的叶片，如马普轴榈（Licuala 'Mapu'），但因其喜高湿，不适合栽种于室内。

适合室内栽种的棕榈科植物，生性耐阴，叶片巨大，不易落叶，不过需要时时清洁叶片。在繁殖方面，如果是单干型棕榈类，只能以播种方式繁殖，但如果是丛生型棕榈类，则可以以分株或播种方式繁殖。本科植物的主要害虫为犀角金龟、象鼻虫等甲虫，它们会侵害植株先端的娇嫩部位，进而导致植株死亡，尤其是栽种于室外花园的单干型棕榈类。当栽种于室内时，其主要害虫则为介壳虫类，需要时常留意植株是否受到这些害虫的侵袭并及时防治，以免影响植株生长。

桄榔属 /*Arenga*

属名源自 arenge，为马来语对该属植物的称呼。桄榔属约有 25 个种，分布于亚洲和澳大利亚，为中型至大型植物，茎部有单干型和丛生型，株高可达 2~20 米，大多为羽状复叶。桄榔属植物中株型较小者能作为室内观叶植物，如双籽棕（*A.hookeriana*）。该属植物大多喜排水良好的土壤，忌暴晒，应时常保持栽培介质湿润。

戟叶桄榔

Arenga hastata（Becc.）Whitmore

原产地：马来西亚、加里曼丹岛

双籽棕

A. hookeriana（Becc.）Whitmore

原产地：泰国、马来西亚

丛生型棕榈，喜散射光、空气相对湿度高的环境，如果栽种于室内，需要放置水盘，或将其盆栽与其他观叶植物放在一起，以提高空气相对湿度。

隐萼椰属 /*Calyptrocalyx*

属名源自希腊语，指该属植物的花萼包覆花朵。隐萼椰属有 26 个种，分布于印度尼西亚马鲁古群岛和巴布亚新几内亚的雨林中。该属为丛生型棕榈，株型中等，羽状复叶，嫩叶为红棕色，与成龄的深绿色叶片形成强烈对比。隐萼椰属有些种能作为室内观叶植物，喜散射光、湿润的环境，但忌积水。该属植物常以播种方式繁殖。

球状隐萼榈

Calyptrocalyx forbesii（Ridl.）Down & M.D.Ferrero

原产地：印度尼西亚

鱼尾葵属 /*Caryota*

属名源自 karyotis，指其果实。该属约有 14 个种，分布于亚洲和澳大利亚。根据鱼尾葵属植物的茎部可分为单干型和丛生型；二回羽状复叶，长度可达 3 米，叶鞘及叶柄具有红棕色条状斑纹，小叶呈三角形，叶缘不规则，形状似鱼尾，所以英文名为 Fishtail Palm。花序大，结果后因为重量增加而呈下垂姿态；果实成熟时转为红色，并且因为被覆茸毛，皮肤接触到会产生瘙痒症状。该属植物耐阴，可栽种于盆器中以装饰室内环境，但应放置于光能照到的地方。

花叶短穗鱼尾葵

Caryota mitis Lour.（Variegated）

原产地：亚洲

花叶短穗鱼尾葵与普通的短穗鱼尾葵均适合作为室内植物栽培。

竹节椰属 /*Chamaedorea*

属名源自希腊语 chamai（在地上）和 dorea（礼物），指该属植物容易开花且果实低垂接近地面。竹节椰属有 107 个种，分布于北美洲和南美洲的热带与亚热带地区。该属植物株高为 0.3~6 米，有单干型和丛生型；大多数植物为羽状复叶，少数为单叶；果实小，成熟时转为橘色或红色。竹节椰属植物十分适合作为室内观叶植物，因其原生于阴凉处，所以在弱光环境中能生长良好。

二裂坎棕

Chamaedorea ernesti-augusti H.Wendl.

原产地：墨西哥、伯利兹、危地马拉

欧洲自 1847 年起就引进并开始栽培二裂坎棕，但当时不知道本植物的名字，直到后来有人发现其为新种才命名。二裂坎棕栽培的种源大多源自墨西哥，而伯利兹和危地马拉的二裂坎棕叶片较大。该植物需要借助昆虫或人类协助授粉，不会自花结果。

1　金光竹节椰

C. metallica Cook ex H.E.Moore

原产地：墨西哥

该植物生性强健，栽培容易，在光照较少处仍能生长良好，尤其是在室内空调环境中。

2　玲珑竹节椰

C. seifrizii Burret

原产地：墨西哥、伯利兹、洪都拉斯

该植物生性强健，栽培容易，露地栽培的株高可达 5 米，因为茎像竹子，所以英文俗名为 Bamboo Palm 或 Reed Palm。

马岛椰属 /*Dypsis*

属名源自希腊语 dypto 或 dyptes，意思为潜水。该属约有 140 个种，分布于马达加斯加岛。金果椰属为中型至大型植物，特征为无刺状构造，并且可以在原茎干上长出侧枝；茎部有单干型及丛生型；羽状复叶；花序大，着生于叶鞘间，花朵小；果实为圆形，成熟时转为橘色或红色。该属植物栽培容易、生性强健，有许多种都可作为室内观叶植物。

马岛椰

Dypsis forficifolia Noronha ex Mart.

原产地：马达加斯加

1　散尾葵

D. lutescens（H.Wendl.）Beentje & J.Dransf.

原产地：马达加斯加

该植物为姿态十分优美的丛生型棕榈，如果栽种于光照强烈的室外庭院，其叶柄及叶鞘会呈现金黄色；如果栽培于弱光或室内环境中，叶柄则会呈绿色，而叶片为有光泽的深绿色，十分美丽。散尾葵野生族群十分稀少，不足 100 株，为濒临灭绝的植物，但在人为栽培下，与其有关的种苗场或庭院在世界范围内已是十分常见。该植物喜排水良好的土壤，可以栽种于盆器中限制植株生长，维持小的植株姿态，栽培及繁殖难度低，常以分株或播种方式繁殖。

2　矮性散尾葵

D.lutescens‘Super Dwarf’

轴榈属 /*Licuala*

属名源自印度尼西亚摩鹿加群岛原住民对该属植物的称呼。轴榈属约有 150 个种，分布于东南亚，自马来西亚起至新几内亚岛及澳大利亚。该属植物的茎部有单干型和丛生型，有些茎干有纤维；单叶呈扇形或掌状深裂，有些叶柄具有刺状构造；大多数为两性花；果实为圆形，成熟时转为粉红色或红色。轴榈属植物在收藏家中十分流行，其生性强健、耐阴、栽培容易，叶片及植株姿态优美，适合作为盆栽植物观赏。

沼生轴榈

Licuala triphylla Griff.

原产地：泰国、马来西亚

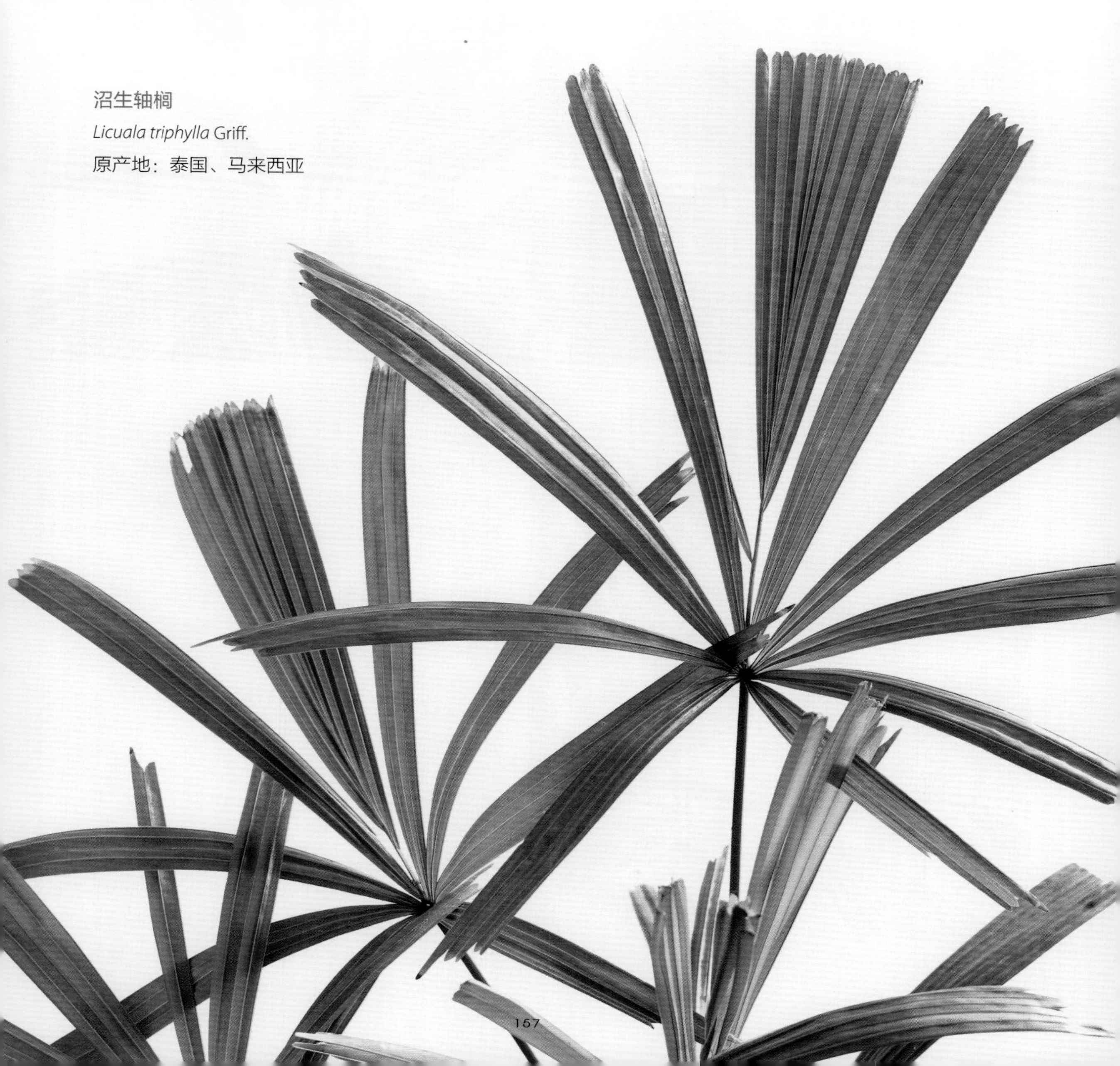

1　圆叶刺轴榈

L.grandis H.Wendl.

原产地：太平洋中的所罗门群岛、瓦努阿图

该植物为单干型棕榈，只能以播种方式繁殖，栽培容易，作为室内观叶植物已有百年历史，在世界各地十分受欢迎。

圆叶刺轴榈喜高湿，可以种植于遮阴处，可耐受 3℃的低温。

2　铁扇轴榈

L. khoonmengii Saw

原产地：马来西亚

3　澳洲轴榈

L. ramsayi（F.Muell.）Domin

原产地：澳大利亚

其种名是为纪念其模式标本的采集者，即澳大利亚植物学家 Edward Pierson Ramsay。该植物为单干型棕榈，株高可达 15~25 米，十分耐阴，所以能作为观赏盆栽种植于光照较少的室内，但生长速度会较露地栽培的慢许多。

山槟榔属 /*Pinanga*

属名源自 pinina，是原产地马来西亚原住民用来称呼该属的名称。该属约有 140 个种，分布于中国南部、喜马拉雅山脉、新几内亚岛。山槟榔属植物在自然界中生长于森林底层，大多数品种喜潮湿；有单干型和丛生型，茎表平滑如竹子；单叶或羽状复叶，叶色全绿或具有斑纹。该属植物作为观叶植物栽培，在泰国十分流行，除了泰国自有的原生品种外，也有引进的品种，有些人会将小植株栽种于生态玻璃容器中观赏。该属植物常以播种或分株方式繁殖。

1　粗柄山槟榔

Pinanga crassipes Becc.

原产地：加里曼丹岛

2　斑叶金鞘山槟榔

P. dicksonii（Roxb.）Blume（Variegated）

原产地：印度洋的安达曼群岛

斑叶金鞘山槟榔与原先叶片全绿的金鞘山槟榔均适合作为室内植物栽培。

射叶椰属 /*Ptychosperma*

属名源自希腊语 ptychos（折叠的）和 sperma（种子），指该属植物的种子外表具有沟槽。射叶椰属有 29 个种，分布于澳大利亚和巴布亚新几内亚。该属植物为株型中等至高大的丛生型棕榈，茎干具有明显的节状叶鞘环痕；羽状复叶，互生，小叶呈长椭圆形，先端具有缺刻；花序着生于叶鞘基部，每个花序结果数量多，果实成熟时会转为红色。射叶椰属植物喜强光至散射光，栽种于室外空旷处能生长良好，如果作为室内观叶植物栽培，应选择阳光能照射到的地方，并且偶尔要移至室外晒太阳。该属植物常以播种方式繁殖。

青棕

Ptychosperma macarthurii（H.Wendl. ex H.J.Veitch）H.Wendl. ex Hook.f.

原产地：澳大利亚、巴布亚新几内亚

其种名是为纪念澳大利亚植物学家 William Macarthur。该植物引进泰国栽培观赏已有数十年的历史，至今仍十分受欢迎且广为流行。

棕竹属 /*Rhapis*

属名源自希腊语 rhapis，意思为针，因该属植物有尖锐的小叶而得名。棕竹属共有 11 个种，分布于中国和日本。该属为单干型棕榈，株型中等；茎细，被覆黑棕色的纤维叶鞘；叶片为掌状深裂，裂片 2~10 枚，绿色，具有光泽，叶柄长；花序着生于植株近先端的叶腋处；果实小，内仅有 1 粒种子。棕竹属植物喜保湿的栽培介质，但忌积水，耐阴，十分适合作为室内观叶植物，但也能栽种于室外露天处。该属植物常以分株方式繁殖。

棕竹

Rhapis excelsa（Thunb.）Henry

原产地：中国

该植物自 1700 年起就开始在日本作为观叶植物栽培，已选育出数百种不同形状的品种，包括叶色全绿、斑叶、狭叶、阔叶，并且以日文名作为品种名。如果是斑叶棕竹，价格会十分昂贵。后来西方人将棕竹引进欧洲栽培，后再传至美国，依其姿态称为 Lady Palm。该植物因为栽培容易，弱光环境中就能生长，十分强健，非常适合作为室内观叶植物，广受大众喜爱。

1　银世界

R.excelsa‘Ginsekai’

2　英山织

R.excelsa‘Eizannishiki’

3　天山白岛

R.excelsa‘Tenzanshiroshima’

4　白静电

R.excelsa‘Hakuseiden’

1　小判野津

R.excelsa‘Kobannozu’

2　富士之雪

R.excelsa‘Fujinoyuki’

3　多裂棕竹

R.multifida Burret

原产地：中国

4　暹罗棕竹

R.siamensis Hodel（Selected form）

原产地：泰国

1 薄叶棕竹

R. subtilis Becc.

原产地：泰国、老挝、柬埔寨、越南

（供图：Pavaphon Supanantananont）

2 薄叶棕竹‘丹砂茶姬’

R. subtilis‘Tansachahime’

3 薄叶棕竹‘东芭之岛’

R.subtilis‘Nongnoochnoshima’

1　加里曼丹棕竹

Rhapis sp.‘Borneo’

2　矮性棕竹

Rhapis sp.（Dwarf）

叉序蒲葵属 /*Saribus*

该属约有 9 个种，分布于东南亚至巴布亚新几内亚一带。叉序蒲葵属植物为株型中等至高大的单干型棕榈；叶片大，呈扇形，叶柄具有锐刺。该属与蒲葵属（*Livistona*）的植物形状很相似，造成分类十分困难，目前蒲葵属中某些种被重新归类为叉序蒲葵属，如圆叶蒲葵（*S. rotundifolius*）等。

圆叶蒲葵

Saribus rotundifolius（Lam.）Blume

原产地：马来西亚、菲律宾、印度尼西亚、新几内亚岛

该植物原被归类为蒲葵属，2011 年根据基因型分析而被移入叉序蒲葵属。圆叶蒲葵为叉序蒲葵属中生长快速的品种之一，作为观叶植物已有百年的历史，常常在老照片中的背景里出现，是十分常见且闻名全球的棕榈科植物。该植物幼龄时看不到茎干，当生长至成龄时，株高可达 45 米，株型十分高大，茎部为灰棕色，非常适合栽种于室外露天庭院，如果栽种于盆器中，植株生长速度会减缓，但仍能长得不错。

天门冬科
Asparagaceae

天门冬科共包含 143 个属、约 3000 个种，大部分是广泛栽培的观叶植物。本科为单子叶植物，具有各种形态的茎干及叶片，有些部位肉质肥大化，如根茎、球茎、地上茎、叶片或叶鞘；叶片引人注目，有些品种的叶片又大又美丽。天门冬科植物因为生性强健，栽培容易，成为广受欢迎的观叶植物，如蜘蛛抱蛋属（*Aspidistra*）、朱蕉属（*Cordyline*）及龙血树属（*Dracaena*）。

天门冬属 /*Asparagus*

该属植物在古希腊哲学家泰奥弗拉斯托斯（Theophrastus，公元前 350—公元前 287 年）的《植物史》（*Historia Plantarum*）一书中有记载。天门冬属约有 211 个种，分布于非洲、亚洲及欧洲。该属植物为多年生草本，具有肥大的地下茎，而地上茎呈丛状或匍匐状，被覆锐刺；三至四回羽状复叶，呈线形或尖头镰刀形；花序为聚伞花序，着生于叶腋处，小花为白色，大部分于黄昏至黎明之间开花，具有强烈香味，雌雄同花或异花；果实为圆形，果肉内含圆形种子。

提到天门冬属，大部分人会联想到作为食用蔬菜的芦笋（石刁柏）。另外，作为观叶植物应用的也有许多种类，如武竹（*Asparagus densiflorus*）、狐尾天门冬（*A. densiflorus*‘Myersii’），以及过去泰国人常拿来与兰花一起装饰衣物的文竹（*A.setaceus*）等。该属植物性喜排水良好、不潮湿的土壤，栽培环境需遮阴，多以分株方式繁殖。

武竹（非洲天门冬）

Asparagus densiflorus（Kunth）Jossep

原产地：南非

英文俗名为 Asparagus Fern。

1　狐尾天门冬

A. densiflorus‘Myersii’

原产地：南非

英文俗名为 Foxtail Fern。

2　蓬莱松

A. retrofractus L.

原产地：南非

叶簇生成团，节间具有尖锐的刺，常用作切叶植物。

3　细枝天冬

A. virgatus Baker

原产地：非洲东南部

蜘蛛抱蛋属 /*Aspidistra*

属名源自希腊语 aspis，意思为盾牌，指该属植物的雌蕊柱头呈盾状。蜘蛛抱蛋属有 100 多个种，分布于亚洲。其野生植株生长于大型植物下，十分耐阴，所以在室内栽培可生长良好。该属植物为多年生草本，具有匍匐的地下根茎；叶片厚，呈先端细长的长矛状，有些种类的叶片具有斑点或斑纹。

蜘蛛抱蛋属植物为欧洲寒带和温带地区长久以来广受欢迎的观叶植物，被称为 Cast Iron Plant，尤其在维多利亚时代，被认为是中产阶级的象征。该属植物因为太广为人知，所以有以其为名的歌曲、小说及艺术品，并且育成了许多形状十分特殊或斑叶的品种。在日本，人们会取其叶片作为饭盒内的装饰，用以分隔盒内不同的食物。蜘蛛抱蛋属植物生性十分强健，栽培容易，常以分株方式繁殖。

1　九龙盘
Aspidistra lurida Ker Gawl.‘Ginga’
原产地：中国

2　蜘蛛抱蛋
A. elatior Blume
原产地：日本、中国

1　银河蜘蛛抱蛋

A. elatior ‘Milky Way’

也有人称其为 *A.elatior* ‘Variegata’。

2　小花蜘蛛抱蛋

A. minutiflora Stapf

原产地：中国

3　四川蜘蛛抱蛋

A. sichuanensis ‘Hammer Time’

4　蜘蛛抱蛋属植物

Aspidistra sp.

酒瓶兰属 /*Beaucarnea*

属名是为纪念 19 世纪的比利时植物收藏家 Jean-Baptiste Beaucarne，原被归为熊丝兰属（*Nolina* 属），全世界共有 10 个种，分布于墨西哥和中美洲的危地马拉、尼加拉瓜一带。酒瓶兰属植物株型高大，如果露地栽培，株高可达 15 米；茎干肥大，具有贮水功能，直径可达 1 米；树皮厚，布满裂纹；单叶，叶片为线形，先端细且尖，叶长可达 60 厘米，丛生于植株先端；花朵雌雄异株，具有香气；果实为蒴果，内有种子。该属植物不论在室外强光下还是在弱光下皆能良好生长，因栽培容易、耐阴和耐旱性佳及生长缓慢，常作为室内盆栽植物。该属植物以种子或枝条扦插方式繁殖，但由枝条扦插繁殖的，其茎干基部不会出现肥大姿态。

酒瓶兰
Beaucarnea recurvata Lem.
原产地：墨西哥

吊兰属 /*Chlorophytum*

属名源自希腊语 chloros（绿色）和 phyton（植物），指该属为绿叶植物的特征。吊兰属植物至少有 250 个种，分布于非洲、亚洲及澳大利亚，为多年生草本，植株呈低矮的丛生状，地下具有肉质根茎；叶片为狭长的倒披针形，基生于茎干；花序为穗状花序，抽出高于叶丛之上，花梗长，小花为白色，有些种类在花梗（有人称其为走茎）的先端着生有小植株，可以用于繁殖，但大部分仍以分株方式繁殖。吊兰属植物栽培容易，广受欢迎，有常作为观叶植物用的斑叶品种，并且具有清除空气中的化学物质的功效。

吊兰

Chlorophytum comosum（Thunb.）Jacques

在泰国，吊兰因叶色亮绿而被称为“绿色百万富翁”。花梗的末端会形成小簇，形似蜘蛛，故其英文俗名为 Spider Plant。

1　中斑吊兰

C. comosum（Thunb.）Jacques‘Vittatum’

原产地：南非

2　金边吊兰

C. comosum‘Variegatum’

原产地：南非

3　小花吊兰

C. laxum R.Br.

原产地：非洲

最初的学名为 *C.bichetii*，现为异名，指另一种栽培历史悠久的吊兰属植物白纹草。但本种的花梗上不会产生小植株，所以只能以分株方式繁殖。

4　吊兰属植物

Chlorophytum sp.

该植株形状与叶片全绿的吊兰相似，但其叶片更大，并且为斑叶品种。

橙柄花（火焰吊兰）

C. filipendulum subsp. *amaniense*（Engl.）Nordal & A.D.Poulsen

原产地：肯尼亚、坦桑尼亚

该植物在市场中有许多名称，如 *C. amaniense*、*C. amaniense*'Fire Flash'、*C. orchidantheroides*、*C. orchidastrum*、*C. filipendulum* × *C.amaniense* 及 *Chlorophytum*'Fire Flash'等。有记录显示广泛种植于美国的橙柄花，是大约在 20 世纪 90 年代末由泰国引入佛罗里达州栽培。曾经出现过斑叶品种，但容易变回绿色，在繁殖上要维持斑叶特征十分困难。

朱蕉属 /*Cordyline*

属名源自希腊语 kordyle，意思为棍棒，指该属植物的地下根茎形状似棍棒。朱蕉属约有 24 个种，分布于太平洋诸岛，从新几内亚岛到澳大利亚及波利尼西亚。该属植物为多年生灌木，分枝性强，随株龄增加茎干逐渐木质化；单叶互生，丛生于茎干先端，叶形及叶斑多样化，叶形有线形、披针形、倒披针形等，叶片先端细尖；花序为圆锥形，着生于植株近先端的叶腋处，小花为白色，数量繁多，于黄昏至清晨间开放，具有香气；果实为球形浆果，内含椭圆形种子。

朱蕉属植物的育种历史长达百年，育成了很多新的斑叶杂交代；而泰国栽培的几乎都是朱蕉（*C. fruticosa*）的杂交代，其英文俗名为 Goodluck Tree、Hawaiian Ti 及 Ti Plant 等，原生于东南亚地区。该属植物常作为室外庭院栽培的观叶植物，需要较多的光照，但应避免阳光直射；也可以在室内栽培，但需要充足的光照，若光照不足，叶片会褪色。该属植物通过扦插或压条方式繁殖比较容易。

朱蕉

Cordyline fruticosa（L.）Göpp.‘Torbay Dazzler’

1　地震朱蕉

C.fruticosa‘Earthquake’

2　清迈小姐朱蕉

C.fruticosa‘Handsome’

宽叶品种，另有矮性品种称为“清迈女孩”。

3　夏威夷旗帜朱蕉

C.fruticosa‘Hawaiian Flag’

4　迷你夏威夷旗帜朱蕉

C.fruticosa‘Mini Hawaiian Flag’

1 利力浦特朱蕉

C.fruticosa ‘Liliput’

2 彩虹朱蕉

C.fruticosa ‘Lord Robertson’

3 新几内亚朱蕉

C.fruticosa ‘New Guinea Fan’

4 粉红冠军朱蕉

C.fruticosa ‘Pink Champion’

该品种由 Surath Vanno 自菲律宾带回。

5 粉红钻石朱蕉

C.fruticosa ‘Pink Diamond’

6 朱蕉

本品种由 Sithiporn Donavanik 自夏威夷带回，外观与粉红钻石朱蕉非常相似，但叶片较圆润，叶柄较短，呈绿色。

1　咖啡公主朱蕉

C. fruticosa‘Tartan’

2　朱蕉杂交种

C. fruticosa（hybrid）

3　朱蕉杂交种

C. fruticosa（hybrid）

1979 年 4 月由 Sithiporn Donavanik 自印度尼西亚带回。

1　矮性朱蕉

C.fruticosa'Compacta'

2　粉盒朱蕉

C. fruticosa　'Pink Compacta'

3　黑扇朱蕉

C. *fruticosa*'Purple Compacta'

由 Sithiporn Donavanik 自佛罗里达带回的矮性朱蕉，并为其命名。

4~7　矮性朱蕉

C. fruticosa（Dwarf）

现广为栽培的许多矮性朱蕉品系，常作为组合盆栽或迷你盆景的植材，用于装饰室内及办公环境。

狭叶龙血树（番仔林投、长花龙血树）
Dracaena angustifolia（Medik.）Roxb.
原产地：中国南部至东南亚
在泰国常将其嫩芽汆烫后蘸辣椒酱食用。

龙血树属 /*Dracaena*

属名源于希腊语 drakaina，意思为雌龙，指该属植株具有类似龙血般的红色汁液，如索科特拉龙血树（*D. cinnabari*）和 *D. schizantha*。龙血树属约有 120 个种，分布于中美洲和非洲的许多岛屿，如加那利群岛、索科特拉群岛、马达加斯加群岛、毛里求斯群岛及塞舌尔群岛，除此之外，亚洲地区也有分布。该属植物有耐旱品种，也有生长于潮湿地区的品种，大约自 1820 年开始在英国被当作观叶植物栽培，之后在欧洲国家作为室内观叶植物而广受欢迎。自 1870 年开始有人搜集该属植物并进行杂交试验，育成数十个新品种，并进行商业栽培至今。

原生的龙血树属植物可分为两大类，一类为生长于石灰岩山脉的高大树型龙血树（Dragon Tree），如柬埔寨龙血树（*D.cambodiana*）、丝兰叶龙血树（*D.yuccifolia*）、*D. kaweesakii*、*D.jayniana*；而另一类则是株型较娇小的灌木型龙血树（Dracaena），这类大多是生长于常绿森林或热带雨林中的下层植物，栽培容易，可在弱光或光照充足的环境生长，适应性强。如果叶片受到的光照较少，会渐渐褪色，应常旋转盆器让植物均匀受光，否则植株会因向光性而呈弯曲姿态。该属植物常以扦插或压条方式繁殖。

1　长柄竹蕉

D. aubryana Brongn. ex É.Morren

原产地：非洲西部

该植物为多年生灌木，株高约 1 米，叶片为披针形，先端尖锐，呈深绿色，叶柄长且呈包覆状。1920 年左右由停靠在希洛城（Hilo）的舰队带到夏威夷栽培，其枝条最先被送给夏威夷植物栽培家及收藏家 William Herbert Shipman，后来才流传至美国及全球植物玩家手中。长柄竹蕉耐阴且耐病虫害，非常适合作为室内植物。在泰国，该植物寓意为无敌的、迷人的、仁慈的。

2　闪亮之矛朱蕉

D. aubryana‘Shining Spear’

该植物为泰国的斑叶变异品种，与绿叶品种一样容易栽培。

3　斑叶番仔林投

D.angustifolia‘Variegated’

万年竹 / 富贵竹（银边富贵竹、开运竹、万年竹）

D. braunii Engl.

原产地：非洲

原学名为 *D. sanderiana*，种名源自英国大型苗圃老板 Henry Frederick Conrad Sander 的名字，但现今为其异名。该植物为低矮的灌木，成龄株的株高为 60~90 厘米，茎干笔直，不分枝；单叶互生，呈披针形，原始叶色为深绿色，也可作为切叶叶材与其他花卉植物搭配，有能带来财运与好运的美好寓意。将枝条塑形来回曲折或截切后捆扎成一层层的宝塔状用于送礼，会更受欢迎。

富贵竹为栽培容易的观叶植物，在弱光环境中能生长良好，即使作为切叶叶材的枝条，与其他切花一同插于花瓶中也能生根。如今富贵竹有白色和黄色的斑叶品种，栽培也不难，可在散射光环境中生长，在泰国是出口量非常大的观叶植物，以 Lucky Bamboo 之名销售到世界各国。

1　幸运黄金富贵竹
D.braunii‘Lucky Gold’

2　银观音百合竹
D.braunii‘Silver’

3　金观音百合竹
D.braunii‘Gold’

4　胜利百合竹
D.braunii‘Victory’

5　斑叶万年竹
D.braunii（Variegated）

1　柬埔寨龙血树

D.cambodiana Pierre ex Gagnep.（Variegated）

原产地：泰国东北部至柬埔寨

2　柬埔寨龙血树

D.cambodiana‘Striped Cuckoo’

3~4　斑点龙血树

D.cantleyi Baker

原产地：泰国南部、马来西亚、新加坡至加里曼丹岛

原生长于热带雨林下层弱光照的环境中，其叶形具有高度多样性，异名有 *D.marmorata* 等。

香龙血树

D. fragrans（L.）Ker Gawl.

原产地：莫桑比克、苏丹、安哥拉

该植物为最古老的观叶植物之一，欧洲人自 19 世纪中叶开始栽培，20 世纪初期在美国广受欢迎。香龙血树叶形多变，如有长叶、短叶、密叶、扭曲叶等，以及许多不同的叶斑，因此有许多异名，如 *D.deremensis*、*D.lindenii*、*D. smithii*、*D.victoria*、*D. aureolus* 等。

该植物十分耐阴，非常适合作为室内观叶植物，可直接将茎秆切段插于有水的瓶器中，或栽种于小型盆器中置于桌上欣赏。易繁殖，常将茎干切段后作为扦插的插穗。

1~3　香龙血树（变异种）
D.fragrans（Mutate）

4　银线龙血树
D.fragrans‘Deremensis Warneckii’

5　多拉多香龙血树
D.fragrans‘Dorado’

6　金边银纹竹蕉（金边钻石美人蕉）
D.fragrans‘Lemon Lime’

7　密叶竹蕉
D.fragrans‘Janet Craig Compacta’

8　斑叶密叶竹蕉
D.fragrans‘Variegated Compacta’

1　石灰灯香龙血树
D.fragrans‘Limelight’

2　斑叶香龙血树
D. fragrans（Variegated）

3　彩纹香龙血树
D. fragrans‘Victoriae’

4　虎斑木（虎斑龙血树）
D.goldieana W.Bull ex Mast.& Moore
原产地：非洲西部
该植物的种名源自西非传教士休 · 戈尔迪（Hugh Goldie），他在 1870 年左右将该植物的样本送至爱丁堡植物园收藏。虎斑木野生植株的株高可达 4 米，但人工栽培的株高常低于 2 米，是株型十分有趣的龙血树属植物。该植物喜弱光、潮湿的环境，生长和繁殖速度慢，尽管栽培历史悠久，价格依然不菲。

1~2　百合竹

D. reflexa Lam.

原产地：莫桑比克、马达加斯加、毛里求斯

该植物分布于莫桑比克和东非外海的印度洋群岛，在不同的原产地会有许多不一样的变种。马达加斯加岛原住民会将百合竹的叶片和树皮与其他植物混合，煎煮作为传统药草茶饮用，据说可以治疗疟疾、腹泻及解毒。美国国家航空航天局清洁空气研究（NASA Clean Air Study）结果显示，百合竹可有效清除空气中的甲醛、二甲苯及三氯乙烯。该植物栽培容易，既耐阴又耐晒，常以扦插方式繁殖。

1　黄边百合竹

D. reflexa ‘Song of India’

有资料记载黄边百合竹在 1961 年就被引入夏威夷栽培，是现今市场上仍在流通的古老的观叶植物。

2　金黄百合竹

D.reflexa ‘Song of Jamaica’

3　暹罗百合竹

D.reflexa ‘Song of Siam’

4　蓝歌百合竹

D.reflexa ‘Song Blue’

1~4　红边龙血树（五彩千年木）

D. reflexa var. *angustifolia* Baker

原产地：马达加斯加

该植物引入泰国作为观叶植物栽培已有数十年的历史，而斑叶品种则是源自日本的突变种，后来被引入美国繁殖贩卖，1973 年后开始销往世界各地，之后又出现了数个突变种，作为观叶植物而被广泛应用。红边龙血树栽培容易，生性强健，当栽培于日光直射处，叶片会呈短而致密的姿态；当栽培于遮阴处，叶片则会长得较长。

红边龙血树（变异种）

D.reflexa var. *angustifolia*（Mutate）

1　星点木

D. surculosa Lindl.‘Punctulata’

原产地：非洲

原学名为 *D.godseffiana*，现为异名，在泰国被称为菲律宾竹，推测是由泰国植物栽培者由非洲带回。叶片上的稀疏斑点可能为病毒所致，并且可遗传至下一代。现在已有许多不一样的斑叶突变品种，非常美丽，适合作为观叶植物。

2　佛州星点木

D.surculosa‘Florida Beauty’

3　金龙星点木 / 斑叶星点木

D.surculosa‘Golden Dragon’

4　银河星点木

D.surculosa‘Milky Way’

1　佛利民星点木

D. surculosa‘Friedman’

该植物的另一个学名为 *D. friedmanii*。

2　斑叶星点木

D. surculosa（Variegated）

3~5　矮性星点木

D. surculosa（Dwarf）

6　印尼追踪者星点木

Dracaena‘Indonesian Tracker’

推测该植物是香龙血树与星点木的杂交代。

7　浩瀚星尘星点木

Dracaena‘JT Stardust’

伞盖龙血树

D.umbraculifera Jacq.

原产地：马达加斯加

1797 年尼古拉斯 · 约瑟夫 · 冯 · 杰奎因（Nicolaus Joseph von Jacquin）在维也纳美泉宫（Schönbrunn）植物园的温室中采集了该植物并为其命名，但其来源不明，应该与其他 280 多种植物样本一样都是自印度洋毛里求斯岛采集的。

后来许多植物学家认为它原生于毛里求斯岛，但原产地的野生族群已灭绝，仅存在于世界各地的植物园中。直到 2013 年，有研究团队在马达加斯加发现了该植物，经过分子生物学研究，确认其为马达加斯加的原生植物。

1　丝兰叶龙血树
D. yuccifolia Ridl.（Variegated）
原产地：泰国

2　龙血树属植物
Dracaena sp.

3　斑叶龙血树属植物
Dracaena sp.（Variegated）

4　虎尾兰 × 龙血树
Sansevieria sp. × *Dracaena* sp.
虎尾兰与龙血树的杂交种，兼有两种植物的优点，曾经在观叶植物圈中掀起一阵风潮。其叶片深绿、不容易脱落，耐阴，非常适合用作室内观叶植物。

虎尾兰属 /*Sansevieria*

属名是由 Vincenzo Petagna 以其赞助者的名字来命名的，也就是意大利基亚罗蒙特地区的 Pietro Antonio Sanseverino 伯爵。该属植物约有 70 个种，分布于非洲与亚洲的干旱地区及混合落叶森林。虎尾兰属植物具有蔓生的地下根茎；地上部为肥厚的叶片，先端尖锐，有些品种的叶片先端甚至呈尖刺状，叶片有大有小，叶斑多样；花序为总状花序，着生于叶腋处，呈直立状，白天开花，有香气；果实为圆形浆果，成熟时转为橘红色。

虎尾兰属植物形态多样、生性强健，在遮阴或室外太阳直射处、潮湿或干燥环境皆可栽培，是很受欢迎的多肉植物。其英文俗名为 Mother-in-law's Tongue、Snake Plant，作为观叶植物被广泛栽培。在泰国，观赏性虎尾兰曾在 2007 年左右蓬勃发展至最顶峰，许多地方都在进行杂交育种，甚至还成立了虎尾兰栽培社团，最昂贵的虎尾兰单株价格更是曾高达百万泰铢。该属植物常以分株或叶片扦插方式繁殖，但若想育成新的杂交种，则需要以播种方式繁殖。

虎尾兰

Sansevieria trifasciata hort. ex Prain

原产地：非洲

该植物是虎尾兰属中传播最为广泛的品种之一，作为室内外观叶植物栽培的历史悠久。现有很多变异种，如植株矮性（短叶）、叶形扭曲、叶序轮生、叶斑不同等，也有很多优异的杂交代被选育出来，有些甚至闻名世界，如短叶虎尾兰‘Hahnii’是由美国路易斯安那州新奥尔良 Crescent Nursery 公司的 William W.Smith Jr. 于 1939 年发现的，品种名源自其品种专利所有者 Sylvan Frank Hahn。

金边虎尾兰（*S.trifasciata*‘Laurenti’）曾获得英国皇家园艺学会（Royal Horticultural Society，RHS）的优秀园艺奖（Award of Garden Merit，AGM），因其在各种气候下皆可生长，而且根据美国国家航空航天局清洁空气研究（NASA Clean Air Study），金边虎尾兰通过光合作用机制，可吸收 4~5 种空气中的有害物质。除此之外，其栽培及繁殖难度都较低。

注：虎尾兰现已并入 *Dracaena* 属。

1　金边虎尾兰

S.trifasciata ‘Futura Golden Compacta’

2　海啸虎尾兰

S.trifasciata ‘Futura Twister Sister Tsunami’

3　短叶虎尾兰

S.trifasciata ‘Hahnii Green’

4　唐斯虎尾兰锦（斑叶唐斯虎尾兰）

S.downsii Chahin.（Variegated）

原产地：马拉维北部、津巴布韦

5　精巧虎尾兰锦

S.concinna N.E.Br.（Variegated）

原产地：坦桑尼亚、莫桑比克、津巴布韦及南非

6　精巧虎尾兰锦（紫）

S.concinna（Purple-variegated）

原产地：坦桑尼亚、莫桑比克、津巴布韦及南非

1　爪哇虎尾兰

S.javanica Blume

原产地：印度尼西亚爪哇岛

2　斑叶爪哇虎尾兰

S.javanica（Variegated）

3　斑叶柯克虎尾兰

S.kirkii Baker‘Coppertone’（Variegated）

4　大叶虎尾兰

S.hyacinthoides（L.）Druce

原产地：南非

该植物的学名原为 *S.guineensis*。

5　马诺林虎尾兰

S.hyacinthoides‘Manolin’

6　斑叶巴加莫约虎尾兰

S.bagamoyensis N.E.Br.（Variegated）

原产地：肯尼亚、坦桑尼亚

1 银蓝柯克虎尾兰
S.kirkii Baker ‘Silver Blue’

2 银蓝柯克虎尾兰锦
S.kirkii ‘Silver Blue’（Variegated）

3 梅森虎尾兰（宝镜虎尾兰）
S.masoniana Chahin
原产地：索马里

4 梅森虎尾兰锦（宝镜虎尾兰锦）
S.masoniana（Variegated）

5 灌状虎尾兰
S.rorida（Lanza）N.E.Br（Variegated）

1　步行者虎尾兰

S. pinguicula P.R.O.Bally　原产地：肯尼亚

其种名源自拉丁语，意思为丰满的。

2　佛手虎尾兰

Sansevieria'Boncel'

该品种是 10 多年前在印度尼西亚种有大量虎尾兰的苗圃中发现的，被认为是自然杂交种。泰国虎尾兰栽培社团的社长于 2007 年首次将它引入泰国，成为可在办公室栽培的观赏盆栽，有助于吸收电脑产生的辐射和环境中的化学物质。出口佛手虎尾兰为泰国栽培者带来了可观的收入。

3　弗拉 H13 虎尾兰

Sansevieria'Fla.H13'

该杂交种是美国农业部（U.S.Department of Agriculture，USDA）在研究虎尾兰属植物中纤维素的提取过程中产生的成果。

4　暹罗金虎尾兰

Sansevieria'Siam Gold'

虎尾兰属矮性杂交种

Sansevieria hybrid（Dwarf）

这些是云山花园的 Pramote Rojruang 为了满足居家或办公室栽培的需求而育成的矮性杂交种。

秋海棠科
Begoniaceae

秋海棠科只有 2 个属，分别为秋海棠属（*Begonia*）和夏海棠属（*Hillebrandia*），但有多达 1600 个种。本科均为双子叶肉质植物，具有贮藏养分的地下根或须根；茎干呈直立状或蔓生于地面，茎节清晰可见；单叶，叶基歪斜，叶形及叶斑多样；雌雄同株异花。秋海棠科是十分常见的景观植物，已育成很多杂交代，并且不断有新的品种育出。

秋海棠属 /*Begonia*

属名源自其被发现时期法属圣多明戈总督、植物收藏家米切尔·贝贡（Michel Bégon，1638—1710 年）的名字。该属植物约有 1600 个种，分布于热带和亚热带地区。在泰国也发现了 44 个原生种。

秋海棠属植物为多年生草本，有小灌木也有藤蔓植物；茎干呈匍匐或直立姿态，节间清晰可见；单叶互生，叶形不对称，叶形和叶色多样化；花序为总状或复总状花序，着生于枝条近先端叶腋处，大部分雌雄同株、异花，小花有白色、粉红色、红色、黄色、橘色等颜色，子房下位；果实为蒴果，成熟后开裂，内有很多小种子。

秋海棠属植物依照生长形态可划分为 8 类，分别为根茎型（Rhizomatous Begonia）、观叶型（Rex Begonia）、竹茎型（Cane-like Begonia）、从生型（Shrub-like Begonia）、四季开花型（Semperflorens Begonia）、悬垂型（Trailing-scandent Begonia）、块根型（Tuberous Begonia）及肉质茎型（Thick-stemmed Begonia）。栽培方式不尽相同，有些品种喜好湿热环境，有些品种则喜冷凉环境。秋海棠是世界性的观叶植物，喜光照，但不喜暴晒，应栽种于保水和排水良好的栽培介质中，在室内栽培时，也可将其栽种于有照明的玻璃箱中。该属植物以枝条或叶片扦插方式繁殖。

1 卷叶秋海棠

Begonia aconitifolia A.DC.

原产地：巴西

2 秋刀鱼秋海棠

B. amphioxus Sands

原产地：加里曼丹岛

3 黑武士秋海棠

B. darthvaderiana C.W.Lin &C.I.Peng

原产地：婆罗洲

该品种名字源于电影《星球大战》（*Star Wars*）中的角色。

4 国王秋海棠

B. kingiana Irmsch.

原产地：泰国、马来西亚

5 铲叶秋海棠

B. listada L.B.Sm.& Wassh.

原产地：巴西

6 秋海棠属植物

Begonia sp.

1　阿帕奇秋海棠
Begonia ‘Apache’

2　多乐当秋海棠
Begonia ‘Dollar Down’

3　圣诞秋海棠
Begonia ‘Merry Christmas’

4　舟海丹秋海棠
Begonia ‘Joe Hayden’

5　小珠宝秋海棠
Begonia ‘Tiny Gem’

6　海伦图佩尔秋海棠
Begonia ‘Helen Teupel’

秋海棠属杂交种

Begonia hybrid

凤梨科
Bromeliaceae

凤梨科为单子叶植物，大部分为耐旱的多肉植物，分布于南美洲，有 3300 多个种。本科植物的生长形态和外观多种多样，许多品种常被作为观叶植物，合称“观赏凤梨”。凤梨科植物的叶片轮状互生，或窄或宽，有花纹或不具花纹等，茎短缩，叶基部合生，叶序呈杯状以利于蓄水，有些品种的叶表被覆灰白色茸毛，有些则无茸毛但被覆蜡质层；开花时植株先端叶片会变色，花序大多为总状、圆锥或穗状花序，着生于植株中央，两性花，小花数量多，每朵小花有 3 枚花瓣，有白色、黄色、粉红色、紫色等多种花色；果实为浆果或蒴果，成熟后开裂，种子可用于繁殖。大多数凤梨科植物开花结果后雌株即会慢慢死亡，但会萌发侧芽取代原本的雌株继续生长下去。

许多观赏用的凤梨科植物有美丽的叶片，如姬凤梨属（*Cryptanthus*）、丽穗凤梨属（*Vriesea*）及铁兰属（*Tillandsia*）等，每个属都有很多外观新奇的杂交种。本科植物的优点为生物多样性高且生性强健，被广泛作为室内观叶植物栽培。凤梨科植物大多喜光，但不耐阳光直射，需栽培于窗边或接近窗户处以获得充足的光照，也适合用于临时装点。

姬凤梨属 /*Cryptanthus*

属名源自希腊语 kryptos（隐藏的）和 anthos（花朵），指该属植物的花序隐藏于植株中央。姬凤梨属约有 60 个种，英文俗名为 Earth Star。其叶片颜色丰富且花纹多样，适合作为布置于房屋角落、窗户边的观赏性盆栽植物，但需要充足的光照，否则叶片会褪色，并且植株会徒长。姬凤梨属植物开花后会萌发侧芽，常以侧芽分株方式繁殖，或通过授粉获得具有新叶色的杂交代。在泰国有许多杂交品种，并且在观赏凤梨协会进行了登记。

绒叶小凤梨

Cryptanthus argyrophyllus Leme

原产地：巴西

1　姬凤梨
C.acaulis'Jade'

2　斑叶凤梨（杂交种）
C.zonatus（Vis.）Beer（hybrid）

3　非洲织纹小凤梨
Cryptanthus'African Textile'

4　泰国之心小凤梨
Cryptanthus'Bangkok's Heat'

5　牛奶咖啡姬凤梨
Cryptanthus'Cafe Au Lait'

6　寒霜小凤梨
Cryptanthus'Frostbite'

1　隐藏的爱小凤梨
Cryptanthus 'Invisible Love'

2　丽莎凡赞小凤梨
Cryptanthus 'Lisa Vinzant'

3　肯凡赞小凤梨
Cryptanthus 'Ken Vinzant'

4　粉绒小凤梨
Cryptanthus 'Pink Starlight'

5　红星小凤梨
Cryptanthus 'Red Star'

6　理查德林小凤梨
Cryptanthus 'Richard Lum'

1 草莓火焰小凤梨

Cryptanthus‘Strawberry Flambé’

2 放射线小凤梨

Cryptanthus‘Radioactive’

3 天堂路小凤梨

Cryptanthus‘Highway to Heaven’

4 地狱门小凤梨

Cryptanthus‘Gateway to Hell’

艳红凤梨属 /*Pitcairnia*

属名源自英国医生 William Pitcairn 的姓氏。该属成员庞大，有多达 400 个种，主要分布于南美洲，尤其以巴西、哥伦比亚及秘鲁最多。艳红凤梨属中的许多品种非常适合作为室内观叶植物，但浇水需十分谨慎，若浇水过多会造成根部腐烂，水量过少则叶片容易干枯。

血红艳红凤梨

Pitcairnia sanguinea（H.E.Luther）D.C.Taylor & H.Rob.

原产地：哥伦比亚

其种名意为血色的，形容该植物有鲜红色的叶背及花序，非常有魅力。

丽穗凤梨属 /*Vriesea*

属名是为纪念荷兰植物学家威廉·亨德里克·德·弗里斯（Willem Hendrik de Vriese）。该属约有400个种，分布于中美洲和南美洲。丽穗凤梨属中有许多杂交种，叶片十分美丽，非常适合作为室内装饰植物，大部分品种需栽培于遮阴、凉爽的环境中，并且使用的栽培介质应具有高保水性，如果放置于室内，应选择株型小的品种，并栽种于生态玻璃容器中。

网纹凤梨

Vriesea fenestralis Linden & André

原产地：巴西

1　驼背山丽穗凤梨

V. corcovadensis（Britten）Mez

原产地：巴西

2　巨型丽穗凤梨

V. gigantea

原产地：巴西

3　波纹凤梨

V.hieroglyphica（Carrière）É.Morren

原产地：巴西

4　黄花莺歌凤梨

V. ospinae H.E.Luther

原产地：巴西

1　玛格莉特丽穗凤梨

Vriesea'Margarita'

Vriesea'Asahi'与 *Vriesea*'Red Chestnut'的杂交种。

2　冰镇薄荷酒丽穗凤梨

Vriesea'Mint Julep'

Vriesea'Intermedia'的杂交代。

3　红栗丽穗凤梨

Vriesea'Red Chestnut'

4　毛纳基之雪（火山雪丽穗凤梨）

Vriesea'Snows of Mauna Kea'

Vriesea'White Lightning'的杂交代。

1　豹斑丽穗凤梨

Vriesea‘Splenreit’

V.splendens 的杂交代，是叶片和花朵都具观赏性的丽穗凤梨，喜冷凉气候。

2　落日丽穗凤梨

Vriesea‘Sunset’

V.sucrei 与 *V.splendens* var.*formosa* 的杂交种。

3　丽穗凤梨杂交种

Vriesea hybrid

V.racinea 与网纹凤梨（*V.fenestralis*）的杂交种。

4　丽穗凤梨杂交种

Vriesea hybrid

波纹凤梨（*V.hieroglyphica*）与 *V.fosteriana* 的杂交种。

藤黄科
Clusiaceae

本科另一个被人所熟知的科名为 Guttiferae，包含 13 个属、750 多个种，分布于热带地区。本科植物大多为灌木和大型乔木，植株含有乳白色汁液，当划破或折断叶片即可见到，干燥后会凝固成胶状树脂，有助于封闭伤口，防止病原菌侵染。此外，花朵也会分泌汁液，当蜜蜂采集花粉、花蜜时，也会采得树脂，作为筑巢的一种成分。藤黄科中有些品种的果实可食用，常作为水果栽培，如山竹（*Garcinia mangostana*）、爪哇凤果（*Garcinia dulcis*）及马丹果（*Garcinia schomburgkiana*）等；许多品种也是常见的观叶植物，如红厚壳（*Calophyllum inophyllum* L.）和泰国黄木果（*Mammea siamensis*）等。该科植物以压条或播种方式繁殖。

红厚壳属 /*Calophyllum*

属名源自希腊语 kalos（美丽的）和 phyllon（叶片），指该属植物的叶片美丽。红厚壳属约有 190 个种，分布于亚洲、非洲、北美洲、南美洲、太平洋诸岛及澳大利亚等地，在泰国共发现 17 个种。

该属植物为灌木或大型乔木，有些品种的株高可达 30 米，茎干质地坚硬，应用价值高；全株有清澈的黄色或乳白色乳汁；单叶、叶片为椭圆形，叶色是有光泽的绿色，花序为圆锥花序，着生于茎干上，大部分花瓣为白色，花粉为橙黄色，具有淡淡的香气；果实为圆形，未成熟前为绿色，成熟时转为红棕色。有些品种具有药性，如红厚壳油，被称为植物界的抗生素，有消炎的成分。该属植物常以播种或压条方式繁殖。

红厚壳（琼崖海棠、胡桐）

Calophyllum inophyllum L.

原产地：非洲、东南亚至太平洋诸岛、澳大利亚

红厚壳作为庭院观叶植物栽培的历史悠久，植株冠幅大，可达 10 米；叶片为深绿色，具有光泽；于冬末至夏季开花，具有强烈的香气；果实为圆形，可漂浮于水上，有助于传播、繁殖。该植物生性强健，喜潮湿土壤，并且耐盐。因为植株十分耐阴，除了作为庭院观叶植物外，也可作为居家及办公室植物。现今还有斑叶品种可供选择。

书带木属 /*Clusia*

属名源自法国植物学家 Carolus Clusius 的名字。该属植物约有 350 个种，分布于北美洲和南美洲，涵盖海平面至海拔 3500 米的地区。书带木属植物为中型至大型灌木、乔木，有些品种的株高可达 20 米；茎干和叶片具有乳白色汁液；单叶，叶片先端宽，叶基尖细，质地硬且厚，呈革质状；花序为聚伞花序，每个花序具有 1~3 朵小花，花瓣绽放时呈平展姿态，有多种花色，如红色、白色、黄色等，逐渐绽放；果实为圆形，形状似山竹，成熟时转为棕色，呈辐射对称开裂，内含 3~8 粒种子。该属植物栽培容易又耐阴，可作为室内观叶植物，但需要有光照。该属植物常以播种或压条方式繁殖。

书带木

Clusia major L.

原产地：美国、古巴、波多黎各、巴哈马

书带木野生植株会着生于石缝或攀附于大型植物，具有许多气生根。该植物由 Pittha Bunnag 博士自夏威夷引入泰国栽培，因叶片似鱼鳞般厚，故取名为 Kletkraho（意为巨暹罗鲤的鳞片）。花朵为白色，花瓣基部为浅粉红色，未开裂的果实形状似山竹，外壳为绿色，成熟时会开裂。

斑叶书带木

C. major（Variegated）

南美杏属 /*Mammea*

有些资料将南美杏属归类为红厚壳科（Calophyllaceae）植物。该属植物有18个种，分布于北美洲和南美洲的热带地区至西印度群岛、非洲的热带地区、马达加斯加岛、东南亚至太平洋诸岛等。单叶、呈十字对生、叶片为深绿色，质地厚，革质，叶脉清晰可见，叶片先端呈钝形或内凹；花序为聚伞花序，着生于茎节处，小花为白色，具有香气；果实为圆形，外壳为棕色，果肉软，可食用，内含1~4粒种子，种子为椭圆形，棕色，可用于繁殖。

南美杏属为栽培容易的观叶植物，喜排水良好的土壤、半日照或更短日照环境，因为生性强健且环境适应力高，常作为庭院景观植物或室内一角的装饰盆栽。

南美杏

Mammea suriga（Buch.-Ham.ex Roxb.）Kosterm.

近几年从中国引入泰国的观叶植物。

鸭跖草科
Commelinaceae

鸭跖草科为单子叶植物，约有 40 个属、650 个种，分布于温带及热带地区。鸭跖草科植物生长形态多样，有悬垂型、地面匍匐型或小灌木状，为肉质草本植物；茎节上可长出不定根，茎部中有黏液；单叶，椭圆形的叶片互生或呈螺旋状排列，无叶舌，叶鞘筒状包覆于茎部；花序为蝎尾状聚伞花序，着生于植株先端，两性花，花瓣及萼瓣各 3 枚，花色有白色、粉色或紫色；果实为蒴果，成熟后开裂，内有黑色小种子。栽培容易，一般以扦插方式繁殖。

大部分鸭跖草科植物在全日照环境下生长良好，常作为庭院景观植物，如锦竹草属（*Callisia*）、紫露草属（*Tradescantia*）；而有些属则可作为室内植物，如银波草属（*Geogenanthus*）、水竹叶属（*Murdannia*）及绒毡草属（*Siderasis*）。

锦竹草属 /*Callisia*

属名源自希腊语 kallos，意思为美丽的。该属植物有 20 个种，分布于北美洲和南美洲热带地区。锦竹草属植物为多年生小型草本，茎节短，匍匐蔓生于地面，或者茎节向上生长如草状；花序着生于先端，花朵为白色或紫色。该属中有很多品种为常见的景观植物，以扦插方式繁殖。有研究发现，有些品种会引起猫、狗皮肤瘙痒症状，如香锦竹草（*C. fragrans*）。

香锦竹草 / 大叶锦竹草

Callisia fragrans（Lindl.）Woodson

原产地：墨西哥

该植物自 1900 年起开始作为室内观叶植物栽培，因植株成龄后，基部会长出走茎，英文名俗称为 Basket Plant、Chain Plant。除了墨西哥外，香锦竹草在很多地区已成为外来归化种，如中国、摩洛哥及夏威夷等。东欧人会使用香锦竹草叶片治疗数种皮肤病。该植物生性强健、栽培容易，有些植株叶片会突变为白色，但若持续种植，则会变成原本的绿色。

银波草属 /*Geogenanthus*

属名源自希腊语植物的 geo（土地）、gen（产生）和 anthus（花朵），指该属植物的花朵着生于茎干靠近地面处。银波草属植物的茎干呈细长圆柱状；叶片着生于茎部先端部分，每个枝条具有 1~3 片叶，叶片为全绿色，具有白斑，或为深紫色。该属植物有 3 个种，分布于南美洲，耐阴性佳，喜散射光环境，栽培介质需湿润但忌积水，否则植株容易腐烂，应种植于排水良好的土壤中。该属植物常以分株或扦插方式繁殖。

缘毛银波草

Geogenanthus ciliatus G.Brückn.

原产地：厄瓜多尔、秘鲁

水竹叶属 /*Murdannia*

属名源自印度植物收藏家、萨哈兰普尔市（Saharanpur）的植物标本馆管理员 Murdan Ali。该属植物有 50 多个种，分布于热带地区。水竹叶属为多年生小型草本植物，茎节短，茎部匍匐蔓生于地面，或者茎节向上生长如草状；花序着生于植株先端，花瓣为紫色或白色。水竹叶属植物常见于潮湿地区或水边，喜半日照、潮湿但排水良好的环境。

灿星莛花水竹叶

Murdannia edulis（Stokes）Faden ‘Bright Star’

原产地：泰国

在很长一段时间内，该植物是从森林中采集并进行繁殖、贩卖的，在有些国家会被称为 *M.loriformis*‘Bright Star’，但事实上其花朵形状与牛轭草（*M. loriformis*）的有很多不同之处。该品种是非常好的盆栽植物，喜明亮的光照环境，但忌暴晒，适合栽培于窗边或阳台边。

环花草科（巴拿马草科）
Cyclanthaceae

环花草科为单子叶植物，约有 12 个属、230 多个种，为多年生木质草本，有灌木，也有附生植物。单叶互生，有些品种的叶片呈皱褶状，平行脉，叶柄长，叶柄基部呈包覆状；花序为佛焰花序，具有佛焰苞。环花草科中有些品种可用来制作编织物，如巴拿马草（*Carludovica palmate*）的嫩叶可用于制作巴拿马草帽。现在有很多被作为观叶植物栽培，但都是尚未经过科学研究与发表的新品种。

玉须草属 /*Asplundia*

属名源自瑞典植物学家 Eric（Erik）Asplund 的名字。该属植物约有 100 个种，分布于中美洲和南美洲，在自然界中，会生长于大型乔木下，或是攀附于其他植物。玉须草属植物具有圆柱状的地下根茎，于茎节处着生根系；叶片大，无叶斑，常开裂呈鱼尾状。玉须草属植物的知名度不高，喜空气相对湿度较高的环境，耐阴性非常强，很适合作为室内植物，但需要避免栽培介质过于干燥。

玉须草属植物

Asplundia sp.

环花草属 /*Cyclanthus*

属名源自希腊语 kyklos（圆）和 anthos（花朵），指该属植物的花序由层层小花以环状堆叠而成。环花草属植物仅有 2 个种，分布于拉丁美洲，为中型或大型灌木，株高 2~3 米；无地上茎，仅有地下根茎；叶柄长，叶片大，形状似棕榈科植物；花序长，由叶腋处抽出，具有香气。该属植物喜空气相对湿度较高的散射光环境，非常适合栽培于阴暗处作为装饰。该属植物常以分株或播种方式繁殖，但也有人采用插叶方式繁殖。

二叶环花草

Cyclanthus bipartitus Poit. ex A.Rich.

原产地：墨西哥、玻利维亚、秘鲁、巴西、哥伦比亚、委内瑞拉

单肋草属 /*Ludovia*

该属植物有 3 个种，分布于南美洲，在自然界中会附生于大型植物，或着生于地面。单肋草属植物均不高；叶片互生于同一平面，呈扇形；花序着生于叶腋处，白色佛焰苞环绕肉穗，雌蕊柱头细长被覆于花序上。该属植物栽培容易又耐阴，喜散射光环境，适合作为室内观叶植物。

披针叶单肋草

Ludovia lancifolia Brongn.

原产地：哥伦比亚、秘鲁、委内瑞拉、巴拿马、厄瓜多尔

大戟科
Euphorbiaceae

大戟科为双子叶植物，有 229 个属、6000 多个种，其原产地环境多样化，除了南极洲之外，其他地区皆有分布，包含干旱地区或湿热地区。大戟科植物的特征为全株具有乳白色或透明汁液，雌雄同株异花，该科中有很多广泛栽培的观叶植物，如变叶木属（*Codiaeum*）、大戟属（*Euphorbia*）、麻风树属（*Jatropha*）等。

变叶木属 /*Codiaeum*

属名源自 kodiho 一词，是印度尼西亚特尔纳特岛（Ternate island）上的原住民对该属植物的称呼。变叶木属约有 17 个种，分布于东南亚至巴布亚新几内亚、澳大利亚等地区。该属植物为多年生灌木，全株具有透明乳汁，茎干为棕色，分支性强；单叶互生，有多种叶形，如心形、圆形、披针形、长椭圆形及线形等，并且有多种多样的斑纹和鲜艳的叶色；花序为穗状花序，着生于植株近先端叶腋处，花序直立，雌雄同株异花；果实为圆形，内有种子，可用于繁殖。

在泰国，变叶木的栽培历史十分悠久，最早的一株是在拉玛五世时期由 Chao Phraya Pasakorawong 从印度引入泰国且被命名为“黑客”的变叶木，是一个很受欢迎的品种，常栽种于房屋及庙宇周围。时至今日，变叶木属中的许多杂交种都是由泰国人育成的，并根据叶片形状分类命名。

在进行变叶木属植物的杂交育种时，通常会以变叶木（*Codiaeum variegatum*）作为亲本之一。该属植物在很多国家常用作室内观叶植物，而在泰国则是以用作庭院观叶植物为主，不过近年来因其叶片颜色鲜艳且能在室内生长良好，所以作为室内观叶植物栽培也开始流行起来。变叶木属植物喜强光，需要足够的水分和湿度才会生长良好，因此应在全天皆有光照处栽培，如早上或下午半日照的阳台，同时需要常常旋转盆器，避免因向光性而使植株呈倾斜弯曲的姿态，如果光照不足，会使该属植物的叶色无法完全展现。

1　砂子剑变叶木
Codiaeum variegatum 'Maculatum'

2　吉拉达变叶木
Codiaeum variegatum
本品种为外来种，曾种植于吉拉达园周围。

3　象入庙变叶木
Codiaeum variegatum

4　撒金狭叶变叶木
Codiaeum variegatum 'Punctatum'

5　醉心变叶木
Codiaeum variegatum

6　如意变叶木
Codiaeum variegatum

7　絮山变叶木
Codiaeum variegatum

8　首领力变叶木
Codiaeum variegatum

9　苹果叶变叶木
Codiaeum variegatum 'Apple Leaf'
本品种为外来种，品种名意为苹果叶。

10　华丽变叶木
Codiaeum variegatum 'Magnificent'
本品种为外来种，品种名意为华丽。

苦苣苔科
Gesneriaceae

苦苣苔科的科名源自瑞士哲学家、博物学家康拉德·盖斯纳（Conrad Gessner）的名字，约有 152 个属，可生存于不同的环境中，大多数生长于大块岩石或峭壁上。本科植物中有些属为观叶植物，育成的许多品种在世界各地广受欢迎，并可于室内栽培，如喜荫花属（*Episcia*）、非洲堇属（*Saintpaulia*）、小岩桐属（Gloxinia）等。有些国家成立了专门研究和培育苦苣苔科植物的协会。

喜荫花属 /*Episcia*

属名源自希腊语 episkios，意思为阴暗的、阴影的，指该属植物喜生长于遮阴的环境中。喜荫花属约有 10 个种，分布于中美洲和南美洲。该属为多年生蔓生草本植物，全株肉质；茎部有丛生状的粗短茎和细长的匍匐茎；单叶对生，叶片呈卵圆形或椭圆形，被覆细软的茸毛；花朵着生于植株近先端的叶腋处，花朵基部呈筒状，先端分裂为 5 瓣，花朵有白色、黄色、粉红色、红色或紫色。

喜荫花属植物在泰国被称为天鹅织地毯或日本地毯，常作为庭院观叶植物或悬垂型吊盆植物。其喜排水良好、保水性强的栽培介质，忌积水；需要明亮的散射光环境，因此适合栽种于室内或有大型植物遮阴的阳台边，忌栽种于烈日下，光照过强会导致植株枯萎。若栽种于室内，应置于光照充足的地方，栽培介质不能过于潮湿；若栽种于有空调的房间，则应与其他植物共同栽培，以增加空气相对湿度，这样植株才会生长良好。此外，也应时常将其拿到室外与其他植物轮植，以维持长势。

目前，泰国育成了很多喜荫花属植物的杂交种，特别是匍匐喜荫花（*E. reptans*）和喜荫花（*E. cupreata*）常被用作杂交亲本。以下介绍一些容易栽培且很受欢迎的喜荫花品种。

1 红木喜荫花
Episcia 'Acajou'

2 巧克力战士
Episcia 'Chocolate Soldier'

3 粉红喜荫花
Episcia 'Cleopatra'

4 弗史迪喜荫花
Episcia 'Frosty'

5 吉姆·达芙妮的选择
Episcia 'Jim's Daphne's Choice'

6 奇异喜荫花
Episcia 'Kee Wee'

7 李柠檬喜荫花
Episcia 'Lil Lemon'

8 马泰莉卡喜荫花
Episcia 'Metallica'

9 网纹喜荫花
Episcia 'Musaica'

10 粉红阿卡茹喜荫花
Episcia 'Pink Acajou'

11 粉红豹喜荫花
Episcia 'Pink Panther'

12 红宝石礼服喜荫花
Episcia 'Ruby Red Dress'

13 银色天空喜荫花
Episcia cupreata 'Silver Skies'

14 三色喜荫花
Episcia 'Tricolor'

血草科
Haemodoraceae

血草科有 14 个属、100 多个种，分布于非洲、澳大利亚、北美洲及南美洲。本科植物大多数为小型或中型灌木；叶片肉质、硬且厚，被覆小茸毛；花序直立或稍微倾斜，有些品种的花朵十分美丽。在温带或寒带地区，会将血草科植物作为观叶植物栽培，如袋鼠爪属（*Anigozanthos*）。在泰国，比较有名的是鸠尾草（*Xiphidium caeruleum*）。

鸠尾草属 /*Xiphidium*

该属为多年生草本植物，茎部节间短；单叶、叶片为披针形，互生于同一平面而呈扇形，先端长且尖锐，微微向下弯曲；花序为聚伞圆锥花序，着生于植株先端，花朵小，花瓣为白色；果实小、呈圆形，成熟时会转为橘红色。鸠尾草属有 2 个种，分布于中美洲和南美洲，被广泛作为观叶植物栽培。此外，鸠尾草（*X.caeruleum*）植株中含有泻药成分，在泰国该植物被认为有保平安的作用。该属植物喜散射光，容易栽培且生长快速，若阳光直射，容易发生烧叶现象，应种植于排水良好的土壤中。该属植物常以分株方式繁殖。

鸠尾草
Xiphidium caeruleum Aubl.
原产地：中美洲至南美洲
长舌蜂（*Euglossine*）喜欢吸食该植物花朵中的花蜜。

锦葵科
Malvaceae

锦葵科为双子叶植物，有 245 个属、4000 多个种，分布于热带地区，包含观叶植物、果树、蔬菜及多肉植物等。本科植物的特征为全株具有透明的黏液；单叶互生，有明显的托叶，叶缘呈锯齿状；花序为聚伞花序，着生于植株先端，每个花序具有 1~2 朵小花，花朵为两性花或雌雄异花，雌蕊花柱长，先端柱头分裂为 5 枚，雄蕊数量多；果实为蒴果或有时呈浆果状，成熟时开裂。

瓜栗属 /*Pachira*

属名源自圭亚那原住民对该属植物的称呼，原被归入山瓜栗属（*Bombacopsis*）。瓜栗属约有 50 个种，分布于中美洲和南美州等地。该属植物株高可达 20 米，有些品种的茎干肥大，可以贮存水分；掌状复叶，小叶 5~9 片，呈椭圆形或披针形，叶片先端尖或为钝形；花序为聚伞花序，着生于植物先端，花朵为两性花，花瓣厚且细长，雄蕊数量多；果实为大型的椭圆形蒴果、棕色，果壳厚，成熟时开裂，内含大粒种子，种子被覆毛状物。

瓜栗（发财树、马拉巴栗）

Pachira aquatica Aubl.

原产地：中美洲至南美洲

瓜栗的原产地属于潮湿地区，被引入泰国栽培已长达 40 多年，在强光或弱光环境下都能生长良好。

Chirayupin Chantaroprasong 博士表示瓜栗是在清迈的茵他侬皇家项目（Royal Project Inthanon）中首次进行试验栽培的，目的是鼓励山地部落种植和收集其种子，以加工成俗称马拉巴栗的干豆食用，后来该植物被作为室内栽培的开运植物，相信它能带来好运，因而被称为发财树等。

竹芋科
Marantaceae

竹芋科植物共有 29 个属，在除了澳大利亚之外的热带地区都有分布，由于叶片在夜间会闭合，形似祈祷的手势，故其英文俗名为祈祷植物（Prayer Plant）。

竹芋科为单子叶多年生草本植物，地下部具有根茎或块茎，地上部丛生；单叶互生，叶基单侧歪斜，在叶身与叶柄间具有形状似关节的叶枕，当晚上叶枕内贮水细胞充水时，叶片即会闭合。本科中许多属的植物具有美丽的叶片，是广受欢迎的观叶植物，如栉花芋属（锦竹芋属，*Ctenanthe*）、竹芋属（*Maranta*）、紫背竹芋属（*Stromanthe*）及肖竹芋属（*Goeppertia*）等。

竹芋科中几乎所有属皆为容易栽培的观叶植物，喜空气相对湿度高、半遮阴及凉爽的环境，若栽培环境空气相对湿度不足，应定时喷雾以加湿，并且控制环境温度不能过高。竹芋作为室内观叶植物栽培，建议种植于排水良好的土壤或是沙质壤土中，湿润但不积水。竹芋喜明亮的光照环境，不可放置于迎风处，以免叶缘干枯而出现损伤。若栽培环境不适宜，叶片会不断干枯、卷曲，可在竹芋附近种植多株植物，以互相保持空气相对湿度，生长状况会较单株栽培更好些。该科植物常以分株方式繁殖。

栉花芋属（锦竹芋属）/*Ctenanthe*

属名源自希腊语 kteis（梳子）和 anthos（花朵），指该属植物的苞片排列像梳子一样。栉花芋属有 15 个种，分布于中美洲和南美洲。该属植物的地下部具有蔓生的根茎，地上部则呈低矮的丛生状；叶片似环生于植株四周；花朵为白色或黄色。

方角栉花竹芋

Ctenanthe burle-marxii

H.A.Kenn.

原产地：巴西

银羽竹芋

C.setosa（Roscoe）Eichler

原产地：巴西

灰叶银羽竹芋

C.setosa‘Grey Star’

肖竹芋属 /*Goeppertia*

属名应源自德国植物学家海因里希 · 罗伯特 · 戈珀特（Heinrich Robert Göppert）的名字。1831年，卡罗卢斯 · 林纳乌斯（Carolus Linnaeus）将其归类为竹芋科。肖竹芋属约有248个种，其包含的几乎所有种都曾被归类为叠苞竹芋属（*Calathea*），但后来经过研究才移至该属中。

肖竹芋属植物分布于北美洲和南美洲，为多年生草本植物，具有可贮藏养分的地下根茎，植株丛生，株型或低矮或高大。以前，观叶植物玩家常称叶片短圆者为雌竹芋，叶片狭长者为雄竹芋。该属除了作为观叶植物之外，南美洲原住民会用某些品种的叶片制作编织物，以盛装食物。

1　银叶肖竹芋

Goeppertia argyrophylla（Linden ex K.Koch）Borchs. & S.Suárez

原产地：巴西东南部

该植物的叶片表面具有银绿色光泽，因此英文俗名为 Silver Calathea，其叶背为鲜红色，但有些植株的叶背为绿色。

2　叶背为绿色的银叶肖竹芋

②

1　丽叶斑竹芋

G. bella（W.Bull）Borchs. & S.Suárez

原产地：巴西

2　马赛克竹芋

G. kegeljanii（É.Morren）Saka‘Network’

原产地：巴西

本品种学名原为 *Calathea musaica*。

3　卡丽娜肖竹芋

Goeppertia‘Carlina’

本品种为丽叶斑竹芋（*G.bella*）与 *G. vaginata* 的杂交种。

4　青纹竹芋

G. elliptica（Roscoe）Borchs.& S.Suárez‘Vittata’

原产地：巴西、哥伦比亚、苏里南、法属圭亚那、委内瑞拉

箭羽竹芋

G.lancifolia（Boom）Borchs.& S.Suárez

原产地：巴西

1　清秀竹芋

G.louisae（Gagnep.）Borchs. & S.Suárez

原产地：巴西

2　白竹芋锦

G. louisae（Gagnep.）Borchs.& S.Suárez（Variegated）

原产地：巴西

3　绿羽竹芋 ‘Albo-lineata’

G. majestica（Linden）Borchs. & S.Suárez ‘Albo-lineata’

原产地：南美洲的亚马孙平原

4　绿羽竹芋 / 绿纹竹芋 ‘Roseo-lineata’

G.majestica ‘Roseo-lineata’

原产地：圭亚那、哥伦比亚、厄瓜多尔

1　孔雀竹芋

G.makoyana（É.Morren）Borchs.& S.Suárez

原产地：巴西

2　翠叶竹芋

G.mirabilis（Jacob - Makoy ex É.Morren）Borchs. & S.Suárez

原产地：巴西

3　青苹果竹芋（圆叶竹芋）

G.orbifolia（Linden）Borchs. & S.Suárez

原产地：巴西

4　大叶竹芋

G. ornata（Linden）Borchs. & S.Suárez ‘Sanderiana’

原产地：哥伦比亚、委内瑞拉

5　纹斑竹芋

G. picturata（K.Koch &Linden）Borchs.& S.Suárez ‘Argentea’

原产地：巴西

6　花纹竹芋（彩斑竹芋）

G.picturata ‘Vandenheckei’

原产地：墨西哥

1　彩虹竹芋

G.roseopicta（Linden）Borchs. & S.Suárez

原产地：巴西

该植物的英文俗名为 Painted Calathea-Rose，叶片大而圆润，十分美丽。目前已选育出很多杂交种，非常受欢迎，作为观叶植物被广泛栽培。

2~4　彩虹竹芋（杂交种）

G. roseopicta（hybrid）

该植物为彩虹竹芋的杂交种，由印度尼西亚育种家育成，尚未被命名。

5　日冕竹芋

G. roseopicta ‘Corona’

6　月亮女神竹芋

G. roseopicta ‘Cynthia’

1　多蒂彩虹肖竹芋

G. roseopicta ‘Dottie’

2　美丽竹芋

G. roseopicta ‘Illustris’

3　黑玫瑰竹芋（大奖章彩虹竹芋）

G. roseopicta ‘Medallion’

4　银盘竹芋

G.roseopicta ‘Silver Plate’

5　月光竹芋

G.roseopicta ‘Moon Glow’

原产地：巴西

6　莎维亚竹芋

G.roseopicta ‘Sylvia’

7　剪影彩虹竹芋

G.roseopicta ‘Silhouette’

1　波浪竹芋（剑叶竹芋）

G.rufibarba（Fenzl）Borchs. & S.Suárez

原产地：巴西

波浪竹芋的叶柄及叶背被覆茸毛，有 2 种类型，叶背为绿色的称为绿丝带，叶背为红色的称为红丝带。

2　银边竹芋

G. undulata（Linden & André）Borchs. & S.Suárez

原产地：巴西

美丽竹芋（安娜竹芋、猫眼竹芋）

G. veitchiana（Veitch ex Hook.f.）Borchs.& S.Suárez

原产地：厄瓜多尔

1862 年由英国植物猎人理查德 · 皮尔斯（Richard Pearce）发现，种名源自他当时受雇的著名植物苗圃公司的老板詹姆斯 · 维奇（James Veitch）的名字。美丽竹芋与原生于秘鲁和厄瓜多尔的 *G.pseudoveitchiana* 外观相似，不同之处在于美丽竹芋的叶片较厚且叶柄被覆刚毛，而 *G. pseudoveitchiana* 的叶片薄，叶柄平滑。

1　花叶葛郁金（紫背天鹅绒竹芋）

G. warszewiczii（L.Mathieu ex Planch.）Borchs. & S.Suárez

原产地：哥斯达黎加、尼加拉瓜

在自然界中，花叶葛郁金的花朵与玫瑰花外形相似，因而英文俗称为 Rose Calathea，是长舌蜂的蜜源植物。长舌蜂是很好的传粉者，当其努力吸食藏于花朵深处的花蜜时，雌蕊受到触发会卷起，柱头随之擦过长舌蜂，将长舌蜂身上携带的外来花粉沾走完成授粉。随着雌蕊进一步卷曲，位于柱头背面的花粉附着区接着擦过长舌蜂，将花粉附着区的花粉沾在长舌蜂身上，随着长舌蜂飞至其他植株继续采蜜时，会将携带的花粉授粉于其他植株。

2　沃特肖竹芋

G.wiotii（É.Morren）Borchs.& S.Suárez

原产地：巴西

1~2　斑马竹芋（斑纹竹芋、绒叶肖竹宇）

G. zebrina（Sims）Nees，Borchs.& S.Suárez

原产地：巴西东南部

斑马竹芋被引入泰国栽培已有数十年的历史，当地人称叶背为绿色的品种为“斑马”，而叶背带有浅紫红色的品种为“老虎”。

3　海伦肯尼迪肖竹芋

Goeppertia ‘Helen Kennedy’

其种名是为纪念竹芋植物专家海伦·肯尼迪（Helen Kennedy）博士，但尚无资料明确指出它究竟是原生种还是杂交种。

竹芋属 /*Maranta*

该属是为纪念其发现者意大利植物学家巴托洛梅奥·马兰塔（Bartolomeo Maranta）而命名的。竹芋属有41个种，分布于中美洲、南美洲地区。该属植物具有贮藏养分的棍棒状地下根茎，连接地上部的一端较为纤细；叶片为卵形或椭圆形，花序为总状花序，每个花序有2朵小花，小花为白色。竹芋属常用作庭院景观地被植物，也很适合盆栽，喜遮阴的环境；有些品种的地下根茎可作为草药或食物。

斑叶竹芋

Maranta depressa É.Morren

原产地：巴西

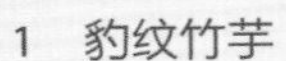

1　豹纹竹芋

M. leuconeura É.Morren‘Fascinator’

原产地：巴西

2　哥氏白脉竹芋

M. leuconeura var. *kerchoveana*（É.Morren）Petersen

原产地：巴西

该植物喜空气相对湿度较高的环境，应避免放在有风或空调直吹的地方。

3　竹芋属植物

Maranta sp.

该植物为斑叶品种竹芋，在泰国栽培的历史已久，但不会开花。

穗花柊叶属 /*Stachyphrynium*

属名源自希腊语 stachys（穗状花序）和 Phrynium（柊叶属），合起来指具有穗状花序的柊叶属植物。该属是竹芋科的另一个属，是 1902 年确定的，有 9 个种，分布于亚洲地区，如泰国、缅甸、老挝、中国、越南、印度等。穗花柊叶属的植株低矮，为多年生草本植物，地下部具有匍匐根茎，常群生于湿度高或溪流旁的森林和竹林中，是很好的盆栽观叶植物。

匍匐穗花柊叶

Stachyphrynium repens（Körn.）Suksathan & Borchs.

原产地为泰国南部和印度，其异名为 *S.jagorianum*。

紫背竹芋属 /*Stromanthe*

属名源自 2 个希腊词语，stroma（床）和 anthos（花朵），指该属植物的花序形状扁平如床。紫背竹芋属有 20 多个种，分布于北美洲和南美洲，为矮性灌木状草本植物。其叶片互生于同一平面，叶柄短；总状花序，花朵有红色、粉红色或橘色。

1 茂盛紫背竹芋

Stromanthe thalia（Vell.）J.M.A.Braga

该植物的异名为 *S. sanguinea*，栽培和繁殖难度低，忌阳光直射，以免出现烧叶现象。其非常受欢迎的斑叶品种为七彩竹芋（*S. thalia*‘Triostar’）。

2 七彩竹芋

Stromanthe thalia‘Triostar’

该植物的形状与三色栉花竹芋（*Ctenanthe oppenheimiana*‘Tricolor’）相似，但其叶片较长且植株较低矮。

2

桑科
Moraceae

桑科植物有超过 48 个属、1200 个种，分布于世界各地的热带地区，以无花果家族（Fig Family）的名字广为人知。该科中有乔木、灌木及藤本植物，全株具有白色乳汁；单叶互生或对生，具有多种叶形，如椭圆形、卵形、披针形、心形，叶片厚，有些植物被覆毛状物；花序着生于叶腋处，由许多密集的小花组成穗状花序、总状花序、头状花序或隐头花序；果实由许多瘦果所组成，瘦果包覆于肉质的花被中，或是集生于膨大的花托上。桑科中常见的观叶植物是榕属（*Ficus*）植物，也有一些耐旱的多肉植物，如琉桑属（*Dorstenia*）植物。

榕属 /*Ficus*

属名源自拉丁语 fig，指该属植物的果实形状。榕属有 800 多个种，分布于热带地区，包含乔木、灌木及藤本植物，全株具有混浊的白色乳汁；叶形多样，如卵形、椭圆形及长椭圆形等，互生或对生，幼叶由托叶保护，当叶片展开时托叶会脱落；果实为圆形或椭圆形，成熟后转为粉红色或红色，有些品种的果实可食用，如无花果（*F. carica*）。大部分榕属植物是植物爱好者熟知已久的观叶植物。

榕属植物特别是叶片小的种类，在室外强光环境下能生长良好，有些品种在室内栽培时，也能适应中低光照或间接的散射光环境，但叶片通常会变得较大。这些植物适合放在窗户旁或阳光能晒到的地方，如果置于弱光照的地方，应定期将植株与别的植物轮流移至室外接受自然光照，若长时间光照不足，会出现下位叶脱落的现象，进而影响其美观。

扇叶榕

Ficus deltoidea Jack

原产地：马来西亚、印度尼西亚

在自然界中，扇叶榕生长于地面、岩石上，或附生于大型植物，所以英文名俗称为 Mistletoe Fig。该植物的叶片形状有 30 多种，具有高度变异性，有些资料将其归类为许多不同的亚种。扇叶榕栽培容易，喜明亮的光照环境，应种植于阳光可照到的窗台或阳台旁；耐旱但容易出现下位叶脱落现象。该植物以扦插方式繁殖。

除了作为观叶植物外，印度尼西亚人会将其果实作为缓解牙痛、头痛的传统草药，全株可用来制作女性用的补品；而马来西亚人则是将其叶、根磨成粉末，用来治疗类风湿性关节炎。

1　三角榕

F.deltoidea

2　斑叶三角榕

F. deltoidea（Variegated）

3　斑叶三角榕（中斑）

F.deltoidea（Variegated）

印度榕 / 橡胶树

F. elastica Roxb.ex Hornem.

原产地：印度、尼泊尔、不丹、缅甸、中国、马来西亚、印度尼西亚

种名意思为橡胶，指该植物有白色的乳汁。印度榕为大型植物，露地栽培的植株高度可达 30 米；叶片大，呈椭圆形，叶芽由粉红色托叶覆盖保护，叶柄为浅红色。该植物不论是露天栽培还是栽种于弱光环境中，都能生长良好，因此自 19 世纪就开始被当作室内观叶植物栽培。其栽培容易、生长快速，成龄后树干会长出气生根，悬垂而下的姿态十分美丽。现今已育成斑叶及矮性品种。

1　黑叶印度榕（黑金刚橡皮树）
F. elastica
其商品名有很多，如 Burgandy、Black Burgandy、Black Prince 等。

2　富贵榕
F.elastica‘Schrijveriana’

3　锦叶印度榕
F.elastica‘Doescheri’

4　美叶印度榕
F. elastica‘Tricolor’

5　矮性印度榕
F. elastica（Dwarf）

1　瘤枝榕（长叶垂榕）

F. maclellandii King

原产地：中国、印度和东南亚地区

有许多品种的外观特征与其相似，特别是柳叶榕（*F.binnendijkii*），不同之处在于瘤枝榕的托叶被覆柔毛。现在已选育出斑叶、叶片较长或特别狭长等品种。

2　绒毛榕

F. velutina Humb. & Bonpl. ex Willd.

原产地：巴西、哥斯达黎加

大琴叶榕（琴叶橡皮树）

F. lyrata Warb.

原产地：非洲西部

种名指叶片形态与竖琴的前身里拉琴相似，而英文俗名为 Fiddle-leaf Fig。该植物分布于喀麦隆至塞拉利昂的热带雨林中。大琴叶榕的叶片大且厚，在自然界中常见其附生于大树的树冠，然后根系慢慢向下生长直至地面，若是露地栽培，株高可达 5~12 米，但可以通过栽培来控制其生长速度。大琴叶榕不喜强光，在弱光照环境中生长良好且叶片不容易脱落，因此是很好的室内盆栽植物。1993 年获得英国皇家园艺学会（Royal Horticultural Society，RHS）的优秀园艺奖（Award of Garden Merit，AGM），现已育成矮性和斑叶品种。

1　矮性琴叶榕

F. lyrata（Dwarf）

2　斑叶琴叶榕

F. lyrata（Variegated）

3　非洲巨叶榕

F. lutea Vahl

原产地：非洲

4　斑叶羊乳榕

F. sagittata Vahl（Variegated）

原产地：印度、中国和东南亚地区

兰科
Orchidaceae

兰科为单子叶植物，即大家所熟知的兰花，有近 900 个属、27000 个种，是被子植物中的第二大科，仅次于菊科（Asteraceae）。除了极地以外，从热带至寒带都可见兰科植物的踪迹。其生物多样性高，按生长形态，可分为附生兰和地生兰；按茎干形态则可分为复茎兰及单茎兰。单茎兰株高可超过 1 米；单叶，叶片有薄有厚，形状有狭长形、披针形或椭圆形；花朵有迷你型的也有大型的，有些品种的花朵颜色十分吸睛或具有香气，作为观叶植物栽培也很有发展潜力。除了花朵美丽的，也有许多花朵小而不起眼，但叶片具有美丽花纹的兰科植物，这类植物被称为宝石兰类（Jewel Orchid）观叶型兰花，如金线兰属（*Anoectochilus* spp.）植物和血叶兰（*Ludisia discolor*），很受大众喜爱，常被种植于生态玻璃容器中，以装饰室内环境。

金线兰属（开唇兰属）/*Anoectochilus*

属名源自希腊语 anoektos（开放）和 chilus（唇），指该属植物的唇瓣为明显向外展开的形状。金线兰属约有 46 个种，泰国有 12 个种，为小型地生兰类，喜腐殖土，茎部肉质，具有沿地面匍匐生长的根茎；叶片为圆形或椭圆形，叶面具有多种纹路，纹路颜色也多样；花序顶生，呈直立状，唇瓣边缘呈鱼骨状或须状，花瓣为黄色或白色。该属植物喜冷凉气候和高湿度环境，被广泛作为观叶植物栽培，在生态玻璃容器中能生长良好。该属植物常以组织培养或分株方式繁殖。

泰国金线兰

Anoectochilus albolineatus E.C.Parish & Rchb.f.

原产地：东南亚

（供图：Pavaphon Supanantananont）

沼兰属 /*Crepidium*

属名源自希腊语 krepidion（小鞋子），形容该属植物的唇瓣形状。沼兰属约有 260 个种，为小型兰花，具有倒伏蔓生状的根茎，多为地生兰，在自然界中生长于潮湿阴暗的森林地面，少数为附生兰；叶面具有纵向折纹，叶片先端尖；花序着生于植株先端，花朵小，唇瓣位于花朵上方，呈翻转、倒生的形态；果实为小型蒴果，绿色，成熟时转为棕色，内有很多种子。

沼兰属植物于雨季时生长，在其他季节则进入休眠状态，其中的很多品种都可作为观叶植物栽培。该属植物喜保水性佳但不过湿的栽培介质，需栽培于散射光环境中，不能种植于阳光直射处，有些品种在生态玻璃容器中也能生长良好。该属植物常以分株方式繁殖。

美叶沼兰

Crepidium calophyllum（Rchb.f.）Szlach.

原产地：亚洲

美叶沼兰的学名原为 *Malaxis calophylla*，有很多种叶色和花纹，有的叶片为全绿，有的具有花纹。该植物常生长于落叶覆盖的森林中，只有一个生长季，在雨季时会长新叶和茎干，在其他季节则进入休眠期，仅剩下茎部。

云叶兰属 /*Nephelaphyllum*

属名源自希腊语 nephela（云状的）和 phyllon（叶片），指该属植物的叶片具有朦胧的云状斑块。云叶兰属共有 11 个种，为小型兰花，茎部有匍匐生长的根茎，以及呈圆棒状林立的深紫色假球茎；叶片为披针形，先端尖；花序着生于新生的假球茎先端，花朵小，唇瓣位于花朵上方，呈翻转倒生的形态。该属植物于雨季时生长，在其他季节会进入休眠状态。有些品种可以作为观叶植物栽培。该属植物常以分株方式繁殖。

云叶兰

Nephelaphyllum tenuiflorum Blume

原产地：东南亚

血叶兰属 /*Ludisia*

该属仅有 1 个种，分布于中国和东南亚，泰国人称其为“淘金草”或“金色波纹”。血叶兰属植株株型小，茎部为节状，具有蔓生的根茎，匍匐生长于地面或潮湿的岩石上；单叶，叶片为深绿色，具有金红色或白色的线条；花序呈直立状，花瓣为白色，蕊柱为黄色。该属植物喜散射光、潮湿但不积水的环境，在微型生态玻璃容器中可生长良好。

血叶兰（石蚕）

Ludisia discolor（Ker Gawl.）A.Rich.

长唇兰属 /*Macodes*

属名源自希腊语 macros（长的），应指该属植物的大型唇瓣。长唇兰属植物为地生兰，共有 11 个种，分布于东南亚至新几内亚岛、所罗门群岛及太平洋其他群岛上潮湿的热带雨林中。该属植物很适合种植于生态玻璃容器中。

电光宝石兰（笼纹兰）
Macodes petola（Blume）Lindl.
原产地：东南亚
（供图：Pavaphon Supanantananont）

露兜树科
Pandanaceae

露兜树科为单子叶植物，有4个属、1000多个种，分布于热带地区，包含马来西亚、印度尼西亚、菲律宾、巴布亚新几内亚、中国南部、日本、非洲及美洲部分地区。该科植物中为泰国人所熟知的是香露兜（*Pandanus amaryllifolius*），自古就用来为美味的甜点增添香气和颜色，也是一直与兰花搭配使用的切叶植物。

藤露兜树属 /*Freycinetia*

属名源自法国海军上校路易斯·德·弗雷西内特（Louis de Freycinet）的名字。该属约有300个种，分布于南亚的热带、亚热带地区，东南亚，以及澳大利亚北部和新西兰等地区。藤露兜树属为丛生攀缘性植物；叶序呈螺旋状，叶片细长，具有褶皱，先端尖细，叶缘和叶背中肋周围有细小的刺；花序为穗状花序，着生于植株先端，呈圆筒状，具有橘色或红色的苞片，雌雄异花；果实为核果。

该属植物在很多国家都被用作庭院观叶植物，在散射光环境中能够生长良好。藤露兜树属植物应种植于保水性好的栽培介质，以及空气相对湿度较高的环境中。该属植物常以分株方式繁殖，当植株姿态开始呈歪斜的攀缘状时，应适时修剪以维持优美姿态，并可将修剪下的枝条用于繁殖。

藤露兜树属植物
Freycinetia sp.

露兜树属 /*Pandanus*

属名源自 pandang 一词，为马来西亚人对该属植物的称呼。露兜树属有 750 多个种，分布于东南亚的马来西亚至澳大利亚，生长于水岸边或潮湿的地方。该属植物的叶序呈螺旋状，似螺丝钉，因此英文俗名为 Screw Pine，叶缘有小刺或无刺；花序为穗状花序，花朵雌雄异株，具有香气。

在泰国，露兜树属中被作为庭院观叶植物的有斑叶禾叶露兜树（*P. pygmaeus* Variegatus）、金边露兜（*P.pygmaeus*‘Golden Pygmy’）及禾叶露兜（*P. pygmaeus*）。若栽种于室内，应每周将其移至室外接受光照。该属植物栽培难度低，喜湿润的栽培介质，栽培介质不能过于干燥，耐阴；若栽种于室外庭院，幼龄树应种植于散射光环境中，随着株龄增加，植株会越来越耐强光直射，但同时须保持栽培介质水分和空气相对湿度。该属植物常以分株方式繁殖。

香露兜

Pandanus amaryllifolius Roxb.

原产地：东南亚

叶片具有香气，常用于装饰甜点，使甜点看起来更加美味；另一种用途是作为搭配兰花的切叶材料。若将其插于花瓶中，很快就可以生根，用于繁殖新的植株。

胡椒科
Piperaceae

胡椒科为双子叶植物，有 13 个属、2500 多个种，分布于热带和亚热带地区。该科植物有草本、灌木、藤本及小型乔木；全株含有挥发性精油，碾碎后可闻到香气；花序为穗状花序，呈直立线形姿态，小花数量多。胡椒科中许多品种是泰国当地的蔬菜或草药，如蒌叶（*Piper betle*）、假蒟（*P. sarmentosum*）、假荜拔（*P.retrofractum*）及草胡椒（*Peperomia pellucida*）等。

草胡椒属 /*Peperomia*

属名源自希腊语 peperi（胡椒）和 homoios（相似的）指该属植物的花朵形态与胡椒属（*Piper*）植物相似。草胡椒属有 1000 多个种，分布于热带和亚热带地区。该属植物大部分为多年生草本，全株肉质；叶形多样，如椭圆形、圆形、心形等；花序为穗状花序，小花数量繁多。该属植物喜通气性、排水性好，但也保湿的栽培介质，不喜暴晒。它作为小型盆栽植物，应种植于遮阴或明亮的散射光环境中，如窗边或阳台边。该属植物以分株或扦插方式繁殖。

西瓜皮椒草

Peperomia argyreia Morr.

原产地：巴西、厄瓜多尔、委内瑞拉

英文俗名为 Watermelon Begonia、Watermelon Pepper。

1　红边椒草

P.clusiifolia（Jacq.）Hook.

原产地：西印度群岛

2　五彩椒草（彩虹椒草）

P. clusiifolia（Jacq.）Hook.‘Jewelry’

3　拟花叶椒草

P. pseudovariegata C.DC.

原产地：哥伦比亚、厄瓜多尔

1　皱叶椒草

P. caperata Yunck.

原产地：巴西

2　斑叶皱叶椒草

P. caperata（Variegated）

原产地：巴西

3　金光椒草

P.metallica Linden & Rodigas

原产地：秘鲁、哥伦比亚

4　圆叶椒草

P. obtusifolia（L.）A.Dietr.

原产地：墨西哥至西印度群岛、南美洲北部

1　斑叶圆叶椒草

P.obtusifolia（Variegated）

2　垂椒草

P.serpens（Sw.）Loudon

原产地：墨西哥至南美洲

垂椒草为生性强健的室内观叶植物，在光照微弱或散射光环境中能生长良好，叶片会呈现具有光泽的绿色。

3　斑叶垂椒草

P.serpens（Variegated）

4　白脉椒草

P. tetragona Ruiz & Pav.

原产地：玻利维亚、巴拉圭、秘鲁

白脉椒草为小型草胡椒属植物，茎干呈匍匐蔓生姿态，叶宽 1~1.5 厘米。

胡椒属 /*Piper*

属名源自拉丁语。该属约有 1500 个种，分布于热带地区。胡椒属为灌木或藤本植物，植株随株龄增加而木质化；单叶互生，叶片为心形；花序为穗状花序，小花数量繁多，两性花。

胡椒属植物栽培历史非常悠久，是常用的香料植物，如胡椒（*Piper nigrum*）；有些品种很适合作为地被植物，如栽培容易的假蒟（*P. sarmentosum*）、荜拔（*Piper longum*）。胡椒属植物在弱光照环境中能生长良好，所以适合作为室内观叶植物。该属植物常以扦插方式繁殖。

1　雨林胡椒（番红花胡椒）

Piper crocatum Ruiz & Pav.

原产地：印度尼西亚苏拉威西岛

雨林胡椒为观赏藤本植物，其深绿色的叶片上具有红色叶脉，叶背为紫红色。该植物喜散射光环境，但现在已很难寻得其身影。

2　紫叶胡椒

P. porphyrophyllum N.E.Br.

原产地：马来西亚、菲律宾、加里曼丹岛

1 假蒟

P. sarmentosum Roxb.

原产地：印度北部至中国南部、东南亚

该植物的特征为叶片为深绿色，具有光泽，叶脉明显下凹，碾碎后会散发出香气。假蒟的叶片为泰国传统包叶食物面康所用的叶材，或在烹饪时添加以去除腥味。

2 长柄胡椒

P. sylvaticum Roxb.

原产地：喜马拉雅山脉以东的热带和亚热带地区

长柄胡椒在市场上很少见，其喜空气相对湿度较高的散射光环境。

3 假荜拔

P. retrofractum Vahl.

原产地：东南亚

现有斑叶品种，但栽种时间长了叶片会变回原来的绿色。

4 胡椒属植物

Piper sp.

该植物栽培历史悠久，是小型藤本植物，但不确定其来源。叶片为深绿色，具有光泽，栽培容易，以枝条扦插方式繁殖，有时候会出现斑叶。

罗汉松科
Podocarpaceae

罗汉松科为裸子植物（Gymnosperms），约有 20 个属、190 个种，分布于亚洲、南美洲及澳大利亚，大多生长于海拔 600 米以上的地区。该科植物为大型乔木或灌木；单叶对生或互生；多为雌雄异株，少见雌雄同株，小孢子囊穗（雄花）和大孢子囊穗（雌花）着生于叶腋处；果实呈圆润的核果状，成熟时为绿色或转为绿中带紫色蓝色、紫红色等。有些品种可以作为观叶植物栽培，喜散射光和空气相对湿度较高的环境。

罗汉松属 /*Podocarpus*

属名源自希腊语 pous（足）和 karpos（果实），指该属植物的果实着生于膨大如足部的肉质种托上。罗汉松属有 100 多个种，分布于中美洲、南美洲、非洲中部至南部、亚洲及澳大利亚。该属植物为乔木或灌木，株高 1~40 米；叶片为椭圆形或披针形，互生或对生；多为雌雄异株，少见雌雄同株；果实小而圆润，成熟时为绿色、浅蓝色或紫红色，内含 1 粒种子，可用于繁殖。该属植株生长缓慢，其中很多品种可作为观叶植物栽培，如狭叶罗汉松（*P. macrophyllus*）、雪生罗汉松（*P. nivalis*）及柳状罗汉松（*P. salignus*），有些品种是传统草药，可用于退烧、止咳等。

多穗罗汉松

Podocarpus polystachyus R.Br. ex Endl.

原产地：东南亚至巴布亚新几内亚一带

多穗罗汉松栽培容易，常作为遮挡用的绿篱。该植物喜气候冷凉、上午半日照的环境，现已有斑叶品种。

竹柏属 /*Nageia*

属名源自日语 Nagi，是日语中对该属植物的称呼。竹柏属仅有 6 个种，分布于中国、日本、东南亚、印度尼西亚马鲁古群岛及巴布亚新几内亚，是很常见的观叶植物之一。该属植物为灌木或乔木，叶片对生，无明显中脉，叶片厚且为革质，叶柄短；雌雄异株，小孢子囊穗单生或簇生于叶腋处，呈圆柱状，大孢子囊穗腋生于小枝近先端处；果实圆润，直径约为 2 厘米，成熟时转为蓝紫色或蓝黑色，内有种子，可用于繁殖。

肉托竹柏

Nageia wallichiana（C.Presl）Kuntze

原产地：东南亚至巴布亚新几内亚

在自然界中生长于光照较弱、空气相对湿度较高的热带雨林中。该植物耐阴性强，适合作为观叶植物栽培，有绿叶和斑叶品种，生长缓慢。

蓼科
Polygonaceae

蓼科有 59 个属、约 1400 个种，为双子叶植物，英文俗名为 Buckwheat Family，主要分布在温带地区，少数生长于热带和亚热带地区。本科有多年生草本、灌木、乔木及爬藤植物，有些可作为蔬菜、药材，有些则为杂草。蓼科植物的特征为茎节膨大似膝盖或关节；花序多为穗状花序，呈直立或下垂状；果实为瘦果，内含棕色或黑色的三棱或菱形种子。在泰国为人所熟知的为蓼属（*Polygonum*）植物，一般分布于水域，而且是一种当地食用蔬菜，而海葡萄属（*Coccoloba*）植物则是常见的观叶植物，可在室外庭院或室内栽培。

海葡萄属 /*Coccoloba*

属名源自希腊语 kokkos（苹果、谷粒、种子）和 lobos（豆荚），指该属植物的果实如葡萄般一簇一簇的，成熟后为鲜红色。海葡萄属有将近 180 个种，分布于北美洲和南美洲的热带、亚热带地区。该属为乔木、灌木或爬藤植物；单叶互生，有多种叶形，叶柄短；雌雄异株，花序为穗状花序，小花数量多，为白色或绿色；果实为圆形，内含有三棱形的种子。

海葡萄属中常作为室内观叶植物栽培的是海葡萄（*C. uvifera*），另外还有柔毛海葡萄（*C.pubescens*）和皱叶海葡萄（*C.rugosa*），这两种是被引入泰国栽培的，植株高大，叶片有褶皱，直径可达 50 厘米。

海葡萄
Coccoloba uvifera（L.）L.
原产地：北美洲和南美洲的热带地区
在自然界中生长于海边，因而得名 Sea Grape。海葡萄的叶片为圆形，质地厚且硬，叶脉为浅红色；果实可食用，有味酸，可用于制作果冻。该植物以播种或压条方式繁殖，现已有斑叶品种可供栽培。

泽米铁科
Zamiaceae

泽米铁科为苏铁类植物，含有 9 个属，分布于非洲、澳大利亚、北美洲及南美洲。泽米铁科植物因为株型高大，大多栽种于室外，但有些属可在室内盆栽，如泽米铁属（*Zamia*），但必须放置于有阳光照射的地方，让其能获得充足的光照，偶尔将植株移至室外接受光照，有助于植物生长。

泽米铁属 /*Zamia*

属名源自希腊语 azaniae（松果），指该属植物的球果外形像松果一样。泽米铁属植物分布于北美洲和南美洲，约有 60 个种。茎部为棕色，呈短短的块状或明显突出地表呈圆柱状，株高达 1 米；羽状复叶，叶片为长且厚。该属植物常以分株或播种方式繁殖，现已育成很多杂交种。泽米铁属为栽培容易的观叶植物，有许多品种可栽培于室内，如美叶凤尾蕉（*Z. furfuracea*），但应置于阳光稳定、充足的地方，其喜排水良好、不潮湿的土壤，因此不应过度浇水。

帝王泽米铁

Zamia imperialis A.S.Taylor，J.L.Haynes & Holzman

原产地：巴拿马

1 美叶凤尾蕉（美叶苏铁、鳞秕泽米）

Z.furfuracea L.f. ex Aiton

原产地：古巴、墨西哥

2 狭叶泽米铁

Z.angustifolia Jacq.

原产地：巴哈马、古巴

3 泽米铁

Z.pumila L.

原产地：多米尼加、古巴

4 斑叶泽米铁

Z.pumila（Variegated）

1　费切尔泽米

Z.fischeri Miq.ex Lem.

原产地：墨西哥

2　多色泽米铁

Z.variegata Warsz.

原产地：墨西哥、伯利兹、危地马拉、洪都拉斯

该植物的叶片为绿色，上有黄色的斑点或斑块，但每株植物的斑纹多寡不一，其种名 variegata 意思为不同颜色的，即指其有黄色叶斑。多色泽米铁叶长可达 3 米，在《濒危野生动植物种国际贸易公约》（Convention International Trade in Endangered Species of Wild Fauna and Flora，CITES）附录 II 中将其列为保护种，其野生植株的数量每年都在减少，在自然界中已濒临灭绝。

蕨类植物和拟蕨类植物
Fern and fern allies

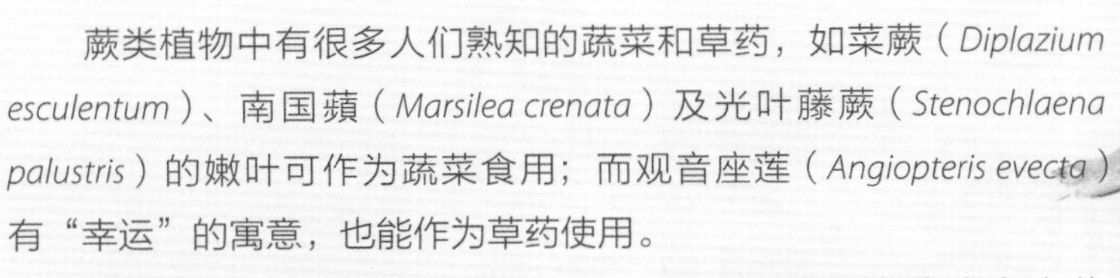

蕨类植物中有很多人们熟知的蔬菜和草药，如菜蕨（*Diplazium esculentum*）、南国蘋（*Marsilea crenata*）及光叶藤蕨（*Stenochlaena palustris*）的嫩叶可作为蔬菜食用；而观音座莲（*Angiopteris evecta*）有“幸运”的寓意，也能作为草药使用。

蕨类植物还是很受欢迎的观叶植物，不论是庭院或室内栽培，都有很多品种可供选择，如铁角蕨属（*Asplenium*）、肾蕨属（*Nephrolepis*）、铁线蕨属（*Adiantum*）、槲蕨属（*Drynaria*）、鹿角蕨属（*Platycerium*）及星蕨属（*Microsorum*）等。一般我们说的蕨类植物指的是真蕨类，还有一类较为原始的蕨类则被称为拟蕨类，如在热带地区的庭院中常作为吊盆栽培的松叶蕨属（*Psilotum*）和石杉属（*Huperzia*）植物。蕨类植物中的卷柏属（*Selaginella*）植物因生性强健、栽培容易而常被作为地被植物栽培，但有些品种不适合在庭院中栽培，仅适合栽种于生态玻璃容器中。

卤蕨属 /*Acrostichum*

卤蕨属为凤尾蕨科（Pteridaceae）中的蕨类植物，约有 20 个种，多分布于热带地区的河口半咸水湿地。该属植物的根部粗大；茎短；羽状复叶，呈丛生状，叶片长，小叶厚，呈瘦长状，孢子叶较一般的营养叶窄，并且叶背被覆满如散沙状的孢子囊。卤蕨属植物常作为庭院水边的观叶植物，生性强健，喜温润环境，生长速度快，在强光或弱光、盐碱地、半咸水或干燥环境中都能生长良好。该属植物易通过孢子繁殖。

卤蕨

Acrostichum aureum L.

原产地：东南亚

卤蕨是一种水生蕨类，生性强健，生长快速，嫩芽为浅红色，易繁殖，特别是在湿润地区。现已有斑叶品种。

铁线蕨属 /*Adiantum*

铁线蕨属为铁线蕨科（Adiantaceae）中的蕨类植物，属名源自希腊语，意思为不湿的，指该属植物叶片疏水，不会被水沾湿而保持干燥状态。该属约有 200 个种，在世界各地几乎都有分布。其茎为匍匐状，被覆小鳞片；单叶或二至四回羽状复叶，叶柄为黑色，柔软坚韧，呈弯曲下垂状，光滑或有毛。作为观叶植物栽培，现已培育出不同的品系，还有很多外观新颖、奇特的杂交种，尤其是在铁线蕨栽培历史已长达百年的欧洲。该属植物喜潮湿、阳光不直射的环境，适合栽培于光照充足的室内或生态玻璃容器中，若使用多孔隙的石灰岩栽种，应放置于有水的底盘上以满足其对水分的需求。该属植物常以孢子或分株方式繁殖。

莫克塞姆女生脆铁线蕨

Adiantum tenerum Sw.‘Lady Moxam’

1　多叶铁线蕨

A. polyphyllum Willd.

原产地：从哥伦比亚至秘鲁的南美洲热带地区

2　太平洋五月脆铁线蕨

A. tenerum‘Pacifc May’

原产地：澳大利亚

叶片长，小叶为扇形，叶缘呈深锯齿状，孢子繁殖难度高。喜冷凉、潮湿稳定的环境。

3　鸡皮脆铁线蕨

A. tenerum‘Chicken Skin’

自印度尼西亚引入泰国栽培已有 6 年，嫩叶为绿色中带有浅粉红色。

4　牙买加脆铁线蕨

A. tenerum‘Jamaica’

自印度尼西亚引入泰国栽培，外观与鸡皮脆铁线蕨相似，但叶柄较短、嫩叶为绿色，几乎不产生孢子。

5　铁线蕨杂交种

Adiantum hybrid

铁角蕨属 /*Asplenium*

铁角蕨属为铁角蕨科（Aspleniaceae）中的蕨类植物，属名源自希腊语 asplenon（治疗脾脏），因为在历史上古希腊人会使用该属植物来治疗脾脏的疾病。该属植物的孢子叶叶背具有平行排列的孢子囊堆，常见的有巢蕨（*A. nidus*）和叶片巨大美丽的蕉叶巢蕨（*A.musifolium*）。后来有一些爱好者开始对蕨类育种有兴趣，将不同的铁角蕨属植物杂交，并成功获得杂交代，因此市面上有很多外观新颖奇异的铁角蕨变异种，如叶片变异为短叶、卷叶，或如同被昆虫啃食过的皱叶等形状。

铁角蕨属为大型蕨类植物，茎部为肉质；叶片长，丛生似鸟巢一般，因而又称为 Bird’s Nest Fern，即鸟巢蕨。该属植物生性强健，生长快速，栽培容易，喜散射光环境，可种植于阳台或屋檐下阳光可照射到的地方，如果遮阴过度，叶片会变得细长，外形变得不美观。随着株龄增加，茎会增高、增粗成树干型。该属植物常以孢子或分株方式繁殖。

鬼手铁角蕨

Asplenium × *kenzoi* Sa.Kurata

先前认为该植物是长叶铁角蕨（*A. prolongatum*）和狭翅铁角蕨（*A. wrightii*）的杂交种。但通过等位酶的测定，证实其为长叶铁角蕨（*A.prolongatum*）和大鳞巢蕨（*A. antiquum*）的杂交种。该植物栽培容易，通过取下的叶片产生幼株即能实现繁殖。

1　斑叶铁角蕨杂交种

Asplenium hybrid（Variegated）

原产地：日本

2　斑叶铁角蕨杂交种

Asplenium hybrid（Variegated）

铁角蕨杂交种和变异种

Asplenium hybrid（Mutate）

铁角蕨杂交种和变异种

Asplenium hybrid（Mutate）

骨碎补属 /*Davallia*

骨碎补属为骨碎补科（Davalliaceae）中的附生蕨类，约有 50 个种。该属植物具有悬垂至地表的根茎，其上被覆细小的红褐色鳞片；叶柄长且粗，叶片呈三角形或五角形，三至四回羽状复叶。骨碎补属植物常用悬挂吊盆栽培，或任由其附生于大型植物。其喜遮阴环境、排水良好的栽培介质，有些品种在干旱季节会休眠，等雨季时再次长出美丽的叶片。该属植物常以根茎扦插方式或孢子繁殖。

1　斐济骨碎补

Davallia fijiensis Hook.

原产地：斐济

在泰国的栽培历史已久，但没有确切的资料记载。

2　阔叶骨碎补

D. solida（Frost.）Sw.

原产地：中国南部、老挝、越南、柬埔寨、泰国东部和南部至马来西亚一带。

星蕨属 /*Microsorum*

星蕨属为水龙骨科（Polypodiaceae）中的蕨类植物，属名源自希腊语 mikros（小的）和 sorus（孢子囊群）。该属约有 30 个种，分布于非洲、亚洲及澳大利亚等地。星蕨属植物具有匍匐茎；单叶，叶片很厚，全缘，有多种叶形。该属为附生性蕨类植物，常附生于植物或岩石；有些品种在水中生长良好，被广泛应用于水族箱中。该属中很多植物广泛作为观叶植物栽培，如鱼尾星蕨（*M. punctatum*'Grandiceps'）、反光蓝蕨（*M.thailandicum*）、蕉叶星蕨（*M.musifolium*），已育成很多形态不同的品种，尤其是叶片先端呈鹿角状扁平分裂的品种。星蕨属植物喜湿度高、散射光环境，容易栽培、繁殖。该属植物常以孢子或分株方式繁殖。

反光蓝蕨 / 泰国星蕨

Microsorum thailandicum Boonkerd & Noot.

原产地：泰国

叶片细长，质地厚且硬，叶色有蓝色反光质感。该植物大约在 1994 年首次由民众采摘并在查图恰克周末市场上贩卖，后来他威萨地·布克尔（Thaweesakdi Boonkerd）教授等人探寻其原产地，在春蓬府（Chumphon）的石灰岩地质的丘陵上发现其身影，和荷兰植物学家汉斯·彼得·诺特博姆（Hans Peter Nooteboom）一起在《植物学》期刊中发表命名。该植物在室外或室内都可栽培，喜通气性高、排水性好但保湿的栽培介质。

1　暹罗蓝星蕨

M. siamensis Boonkerd

原产地：泰国、马来西亚

该植物于 2000 年左右由 Poonsak Watcharakorn 在也拉府（Yala）石灰岩山上发现的，之后由他威萨地·布克尔（Thaweesakdi Boonkerd）教授在《植物学》期刊中发表命名，其汤匙状的叶片较反光蓝蕨短。暹罗蓝星蕨适合在室外或室内栽培，喜通气性、排水性好但保湿的栽培介质。

2　鱼尾星蕨

M.punctatum（L.）Copel.‘Grandiceps’

1~2　人鱼尾星蕨

M.punctatum‘Mermaid Tail’

3　矮性星蕨

M. punctatum（Dwarf）

4~5　星蕨突变种

M. punctatum（Mutate）

6　长叶星蕨

M. longissimum Fée

原产地：马来西亚的砂拉越州

7　翅星蕨（铁皇冠）

M. pteropus Copel.

原产地：东南亚

可以盆栽，也可用于水族箱造景。

星蕨突变种

M.punctatum（Mutate）

肾蕨属 /*Nephrolepis*

肾蕨属约有 20 个种，分布于东南亚、北美洲和南美洲的热带地区，英文俗名为 Ladder Fern 或 Sword Fern。其特征为有直立的短根茎及细长的走茎，走茎延地表匍匐生长，可形成新的植株；叶片挺立呈丛生状，被覆棕色的毛状鳞片。肾蕨属常作为庭院观赏植物栽培，生性强健、生长快速，可耐强光照或弱光照环境。该属植物常以孢子或分株方式繁殖，繁殖比较容易。

肾蕨属植物

Nephrolepis sp.

该植物是肾蕨属中叶片可长达 3 米的一个栽培品种，茎纤细，质地较市场上贩卖的原始肾蕨柔软。常用于悬挂装饰，可观赏叶片延着吊盆悬垂而下的姿态。其栽培容易，若栽培于强光环境中，叶片会变短，叶色偏黄。该植物常以孢子或分株方式繁殖。

1　肾蕨

N.cordifolia（L.）Presl

原产地：澳大利亚、亚洲

2　卷叶肾蕨

N.exaltata‘Wagneri’

3　镰叶肾蕨

N.falcata（Sw.）Schott‘Furcans’

首次发现是在巴布亚新几内亚，栽培容易，适合作为观叶植物。

4　镰叶肾蕨突变种

N.falcata‘Furcans’（Mutate）

波士顿蕨

N. exaltata'Bostoniensis'

波士顿蕨具有优美的弧线形叶片，有人认为其品种得名是因为本品种最早发现于由费城采集并送往波士顿的野生蕨类中，也有人认为是佛罗里达苗圃的主人约翰·索尔（John Soar）将本品种寄给住在波士顿的朋友。

但其种名真正的来源信息是刊载于 1905 年 4 月 15 日《剑桥论坛》（*Cambridge Tribune*）第 27 卷第 7 期的“*The Boston Fern*”，采访专文中提及波士顿蕨起初是在波士顿弗雷德·C·贝克尔（Fred C. Becke）的苗圃中所生产的，园主于 1895 年从费城的一个苗圃订购了一批肾蕨，发现其中有一株突变种，故将其单独栽培并大量繁殖上市。由于波士顿蕨姿态优美、生性强健、价格实惠等特性，很快受到大众喜爱，在上市后很长一段时间里，每年的销量超过 10 万株，并且至今仍供不应求。除此之外，经过百年多的栽培，波士顿蕨也有其他形态的突变种，所以目前极难找到波士顿蕨的原始种了。

波士顿蕨

N. exaltata'Bostoniensis Aurea'

喜强光照环境，如果光照不足，叶片将由金黄色转为偏绿色。

1　斑叶波士顿蕨

N. exaltata‘Bostoniensis Variegata’

2　密叶波士顿蕨

N.exaltata‘Bostoniensis Compacta’

瘤蕨属 /*Phymatosorus*

瘤蕨属为水龙骨科（Polypodiaceae）中的蕨类植物，属名源自希腊语，指该属植物的孢子囊呈隆起的突出状。瘤蕨属约有 12 个种，在自然界中生长于乔木、峭壁及地面。该属植物的茎为匍匐茎，粗大而呈圆柱状，外被覆棕色的鳞片，可匍匐延伸至数米长；叶片呈直立或微朝下弯曲的姿态，孢子囊群位于叶背，呈圆形，排列于叶片中肋两侧，着生处呈下陷状，于叶面多少可见突起。瘤蕨属中的很多品种都可作为庭院观叶植物，喜阳光和排水良好的栽培介质，栽培容易，但应放置于通风良好的环境中。该属植物常以分株方式繁殖，而孢子会自然飘散至其他盆器中。

海岸瘤蕨

Phymatosorus grossus（Langsd. & Fisch.）Brownlie

原产地：非洲热带地区、新喀里多尼亚至澳大利亚

该植物的英文俗名为 Wart Fern，源自其孢子叶的叶面有隆起的形态特征。有资料记载自 1910 年以来，夏威夷就将海岸瘤蕨作为观叶植物栽培，其叶片被碾碎后会散发出类似香草的香气。该植物生性强健，室内和室外都可栽培。作为切叶植物进行瓶插，寿命可长达 2 周。

海岸瘤蕨突变种

P.grossus（Mutate）

石韦属 /*Pyrrosia*

石韦属为水龙骨科（Polypodiaceae）中的蕨类植物，属名源自希腊语 purros（火红色），指该属植物的孢子被覆叶片的颜色。石韦属有 100 多个种，分布于世界各地，大多见于非洲和亚洲地区，生长在树枝或岩石上。该属植物的根茎呈匍匐状生长；单叶，叶片厚且表面被毛。石韦属大多为野生蕨类，其中的很多品种被作为观叶植物栽培，特别是斑叶的或叶片先端分裂为鹿角状的，有些品种可入药。其喜通风良好的环境，适合透气性高又能保湿的栽培介质，常以分株方式繁殖。

南洋石韦
Pyrrosia longifolia（Burm.f.）Morton
原产地：东南亚
该植物为附生蕨类，叶片厚、质地硬，叶片长度可达 50 厘米，叶形多样，有宽叶、尖叶、裂叶等。

1~2　鹿角石韦

P.longifolia（Crestata）

3　鹿角石韦缀化

P. longifolia（Cristata）

4~5　鹿角石韦突变种

P. longifolia（Mutate）

卷柏属 /*Selaginella*

卷柏属为卷柏科（Selaginellaceae）植物，与真蕨类亲缘关系相近。其属名源自另一个属的名称 selago（苔杉花属），指该属植物的外形与其相似。卷柏属有 750 多个种，分布于热带地区，有多种生长方式，包含横向匍匐型、直立型及攀爬型；在茎干或走茎上可着生不定根。卷柏属中有很多颜色非常美丽的品种，常作为盆栽植物或庭院观叶植物，如藤卷柏（*S. willdenowii*）、红柄卷柏（*S.erythropus*）及微齿钝叶卷柏（*S.ornata*）等；有些品种外观迷你且株型有趣，可种植于生态玻璃容器中，需要适度遮阴，但不能过度黑暗。该属植物喜凉爽、潮湿的环境，需要通气性、保湿性好但不过于潮湿的栽培介质。该属植物常以扦插方式繁殖。

卷柏（斑叶万年松、还魂草）

S. tamariscina（P.Beauv.）Spring

原产地：中国、日本、越南、老挝、印度尼西亚、俄罗斯西伯利亚

该植物具有粗短的主茎，喜冷凉气候，在中国用作缓解背痛的中药。

1 草地卷柏
S. apoda（L.）C.Morren
名为 *Lycopodioides apoda*（L.）Kuntze。

2 红柄卷柏
S. erythropus（Mart.）Spring
原产地：中美洲至南美洲
（供图：Pavaphon Supanantananont）

3 小翠云
S. kraussiana（Kuntze）
原产地：加纳利群岛、非洲东部至南部
（供图：Pavaphon Supanantananont）

4 苍白卷柏
S. cuspidata（Link）Link
原产地：中美洲至南美洲
现已更名为 *S.pallescens*。

5 微齿钝叶卷柏
S. ornata Spring
原产地：菲律宾吕宋岛

6 瓦氏卷柏
S. wallichii（Hook. & Grev.）Spring
原产地：泰国南部

7 间型卷柏
S. intermedia

松叶蕨属 /*Psilotum*

松叶蕨属为松叶蕨科（Psilotaceae）植物，与真蕨类亲缘关系相近。属名源自希腊语 psilos（赤裸的），指该属植物的枝条光滑无毛，也有人认为这是指其孢子囊群着生于枝条末端。松叶蕨属有 2 个种，分别为松叶蕨（*P.nudum*）和扁枝松叶蕨（*P.complanatum*），分布于亚洲和欧洲西南部等地区，在自然界中一般延着地面生长，或附生于树皮或岩石的缝隙区。该属植物丛生，茎为菱形，绿色，无叶片，先端为二叉分枝；孢子囊为球形、黄色。在日本已选育出很多不同的品系，喜光照。若种植于庭院中，孢子会随风飘散至鹿角蕨属、铁角蕨属或其他盆栽植物的根部周围，然后繁殖生长。该属植物一般以分株方式繁殖。

松叶蕨

Psilotum nudum（L.）Beauvis.

原产地：美国、日本、澳大利亚

松叶蕨枝条呈二叉分枝状，因生性强健、栽培容易，常作为观叶植物栽培。

光叶藤蕨属 /*Stenochlaena*

光叶藤蕨属为乌毛蕨科（Blechnaceae）的蕨类植物，属名源自希腊语 stenos（窄瘦的）和 chlaenio（披风或毯子）。该属植物至少有 6 个种，分布于亚洲和非洲。其新芽为红色，成龄叶片厚，叶表平滑而有光泽，孢子叶较一般的营养叶小，随植株成熟而呈蔓生状，会攀附大型乔木或附近的物体生长。光叶藤蕨属植物的幼叶可作为蔬菜，在泰国和马来西亚会用其搭配辣椒酱食用；而在菲律宾，常用其叶柄编织成篮子或其他制品。该属植物的栽培人数不多，但也是一种很好的庭院或盆栽观叶植物，喜空气相对湿度较高的环境，耐阴凉及潮湿。

光叶藤蕨

Stenochlaena palustris（Burm.f.）Bedd.

原产地：东南亚的红树林湿地

索 引

D

R

S

V

X

Z

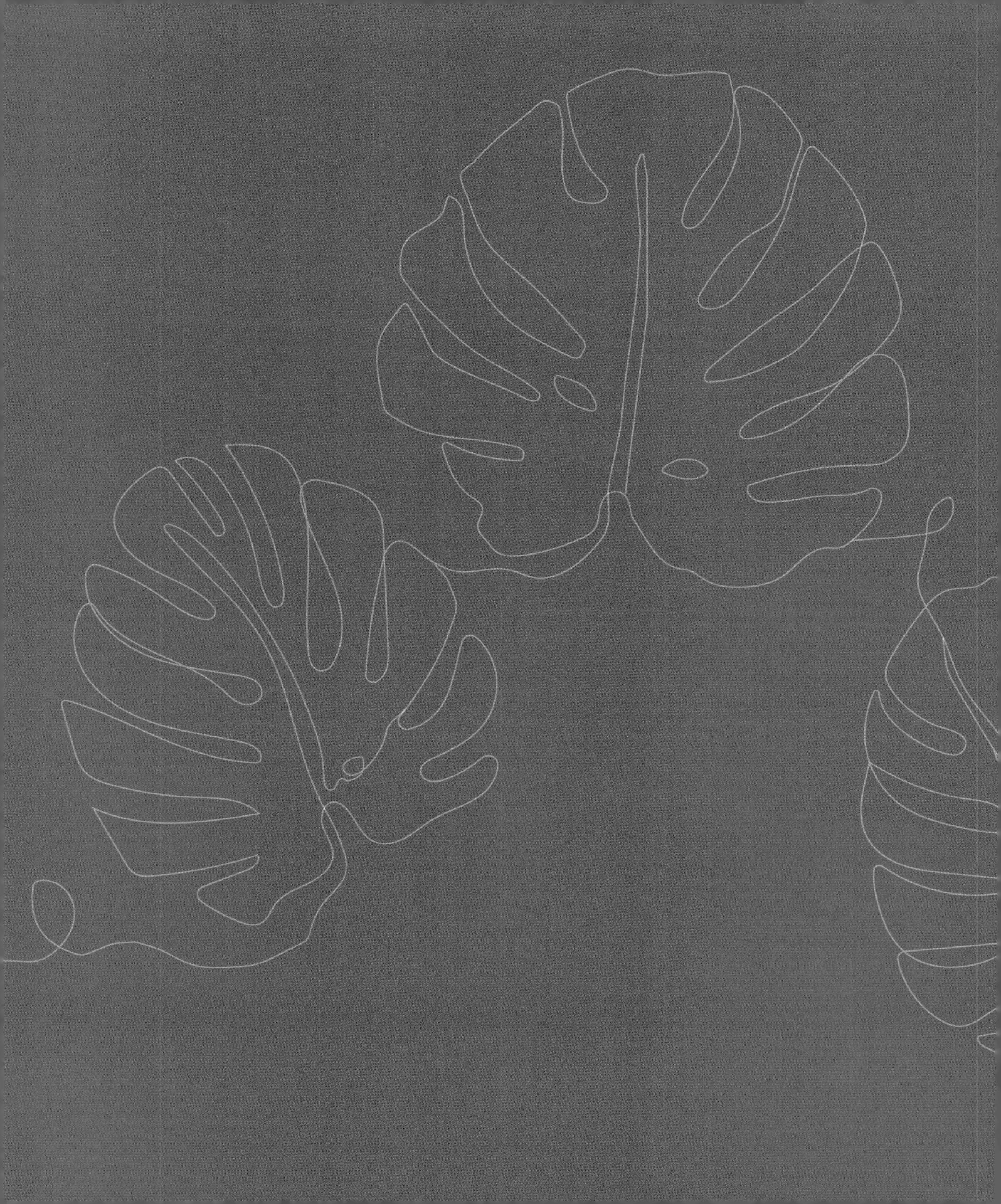